# オス脳ミーム

## 男が戦争をする理由を
## 進化学から解く

伊藤道彦
ITO MICHIHIKO

幻冬舎 MC

哺乳類 性淘汰 ［オスーオス闘争］

## オス脳

（by アンドロゲン）

攻撃性・暴力性

## 協力的攻撃システム

戦争の根源

農耕・牧畜［富］

## オス脳ミーム

（male brain meme）

支配・権威

（男性優位社会・戦争の基盤）

未来へ
ミームシフト

## オス脳ミーム脱構築

（平和ミーム）

多様性寛容・ジェンダー平等

# オス脳ミーム

〜男が戦争をする理由を進化学から解く〜

# 前書き

この本を書こうと思ったのは、〝平和〟を是とする認識が一般論として世界共通で肯定されるグローバルな情報時代に、人類最悪の愚かな仕業である戦争をプーチンが仕掛けたことが契機です。なぜこのSNS時代に戦争をするのか、最初は納得できませんでした。しかし冷静に俯瞰すれば、プーチンが特殊というわけではないのです。プーチンのような戦争先導人は、歴史上にたくさんいたのです。重要点はそのほとんどが男性だということです。男性を含めほとんどの人は平和を愛しています。なのになぜ戦争先導人は男性なのか、生命科学者として進化学的に明らかにしたいと考えたのです。本書では、この主要要因の一つとして、「オス脳ミーム」という概念を提案します。これを社会に認識してもらうことが大きな目的です。

まず、「オス脳ミーム」という言葉の中の「ミーム（meme）」について説明します。「ミーム」という言葉は、インターネット・ミーム（インターネットを介して人から人へ広がる文化）、あるいは猫ミームという表現で聞いたことがあるかもしれません。実は、これは**リチャード・ドーキンス**が１９７６年の著書の『利己的な遺伝子（Selfish Gene）』の中で使った言葉です。遺伝子も「ミーム」も、情報から構成され、それらの情報は複製されたり、改変されたりしながら、次世代に伝播されるという共通の特徴があります。しかし遺伝子は、地球上の生命の場合、ほとんどＤＮＡ（コロナなどのウイルスではＲＮＡの場合もあります）という物質に内包される塩基配列という情報ですが、「ミーム」は、脳神経系（由来）の情報であり、次世代に伝承され、さらに、次社会へ伝播されます（『遺伝子vsミーム』２００１）。別の言葉で言い換えれば、〝文化の次世代・時代への伝播〟あるいは世代を超えて社会で文化伝播される社会脳です。「ミーム」は、すべての生物やウイルスが持つ遺伝子とは異なり、人類社会に存在するものと考えられています。

本書では、大まかには、まず「哺乳類の多くの種では、なぜ、メスよりオスが大きいのか？」（第１章）という問いを、生命進化という観点から紐解き、生命科学的に「オス脳」（第３章）を説明します。次に社会進化という視点から、**「オス脳」**を基盤として人類の社会形成過程で選択され、通念として伝承されてきた、男性優位の社会脳という概念（「オス脳ミーム」）（第6章）を提案します。最後に、「オス脳ミーム」と相反する **「ジェンダー平等」**を促進する **「オス脳ミーム脱構築」**（第8章）の必要性を主張したいと思います。

内容をもう少し詳しく書きますと、哺乳類のオスがメスより大きい生命進化的背景として、ダーウィンが提案した**性淘汰（性選択）**を概説します。多くの哺乳類は、性選択システムの中でも **「オスーオス闘争」**を採用しているのですが、哺乳類祖先における色覚遺伝子の喪失・恐竜時代下の夜行性の維持が関与して構築されてきた性淘汰システムと考えられます（第2章）。この「オスーオス闘争」は、哺乳類ゲノムに染み付いた多くの哺乳類のオスに特徴的な本能の基盤です。多様化に伴い、この闘争システムが弱まっている哺乳類種も存在しますが、多くのオスはメスを獲得するために「オスーオス闘争」を行います。ハーレムはこの闘争システムの究極です。

この「オスーオス闘争」は、男性ホルモンであるアンドロゲンに起因する「オス脳」由来の脳行動で、「オス脳」は、同じ種に対する **「攻撃性・暴力性」**（第3章）という特徴を有します。この暴力性は、肉食動物が草食動物を攻撃することとはまったく異なるものです。この「攻撃性・暴力性」は、多くが利己的行動です。極めて興味深いことに、これが社会進化し、同じ集団の複数のオスが協力して、同じ種の他集団に対して行う**［協力的攻撃・暴力システム］**（第3章 3－2）が社会性の強い集団で構築されてきました。霊長類では、チンパンジーと人類がその典型です。私は、この知的な［協力的攻撃・暴力システム］こそ、人類の戦争の起源であり、支配欲という特徴を持つ［オス脳ミーム］の基盤の一つと考えています（第7章）。［オス脳ミーム］とは端的に言えば、人類社会に通念として伝承されてきた男性優位の社会脳（第6章）を指します。人類社会進化において、戦争・紛争に伴い勝ち残り、発展・伝承されてきました。

社会性のある哺乳類の［オス脳］には、［攻撃性・暴力性］に加え、メス（人類の場合、女性）や自身の集団の支配あるいは保守という特徴があります。人類の場合、これが基盤となり、多くの集団で男性優位社会を是（通念）とする文化が次世代へと伝播され、［オス脳ミーム］が構築・確立されてきたと考えられます。

世界のさまざまな集団や国で採用されてきた**家父長制**は、家族から国にまで跨いだ典型的な［オス脳ミーム］の産物と言ってよいでしょう。このように［オス脳ミーム］は、人類の社会形成・発展過程で、世界の多くの社会で、政治・経済・社会の通念となってきました。ジェンダー平等が認知される現代でさえ、その古い通念はいまださまざまな社会構造に蔓延っています。

さて、我々人類は、未来永劫、戦争のない世界のために、何ができるのでしょうか？冒頭で書いたように、人類の歴史は、まさに戦争の歴史であり、その主導者の多くが男性です。ご存知のように、現在も、紛争・戦争は各地で進行形であり、弱者が殺されています。**大義名分**を盾に自身の集団における正義を振り翳してはいるものの、実は［オス脳ミーム］を根底とした**支配・権威**を維持あるいは拡大しようとする戦争志向の指導者予備群が、此処彼処に現在もいるのです。戦争をなくすための前提として、この社会進化の構造をまず認識しなければと考えます。イスラエル－パレスチナのような紛争では、負の連鎖などさまざまな事情があり、［オス脳ミーム］が基盤にあったとしても単純に語れる問題ではありません。しかし、ここで思考停止になっては前に進まないと思うのです。戦争・紛争では、難民という大きな問題もあります。国連難民高等弁務官であった**緒方貞子**さんは、〝文化、宗教、信念が異なろうと、大切なのは苦しむ命を救うこと〟〝忍耐と哲学をかければ物事は動いていく〟と常に前を向いて活動されていました。

殺人は、通常は〝悪〟ですが、戦争による大量殺戮は、〝善〟ともなり得ます。侵略であっても、勝者になれば、殺人者ではなく、英雄として賞賛されることがあるのです。こんな話が古今東西南北まかり通ってきたのです。**悪人正機**を教義に持つ浄土真宗のあるお寺さんの門に、〝善を握りしめるところから争いが生まれる〟という言葉が書いてありました。善は、人や集団によって相違があります。善を握りしめてしまうと、その相違から争いが生じる、という意味かと思います。戦争を仕掛ける指導者たちは、自身の利己的な支配欲や所属する集団（国家など）の利益のために侵略した、とは決して表明しません。善という大義名分が必要です。我が同志のために、我が民族のために、我が国のために、という利己の利益を集団の利益に拡大しただけの〝善〟を錦の御旗に戦争が行われています。

本書では、第6章で**【オス脳ミーム】**という概念を詳述し、第7章で［オス脳ミーム］が、**農耕牧畜**の獲得によって拡大され、人類の多くの戦争の基盤や契機となっていることを、世界・日本の歴史を通して考察します。戦争が、［オス脳ミーム］を基盤とした自集団の利己性を背景とした〝圧倒的な悪〟であることを、論理的に認識してもらえたらと思います。そして家族から国家までのあらゆる規模の集団社会において、［オス脳ミーム脱構築」こそ、人類における未来永劫の戦争のない平和社会への遷移に必要であると提案したいと思います（第8章・第9章）。

さらに進化的思考を基盤とした「オス脳ミーム」という観点は、人類社会の考察のための新たな認識として叡智となる可能性が大いにあると思っています。ジェンダー平等などSDGsの貢献に関わるだけでなく、歴史学・社会学・政治学・哲学など人類に関わるすべての学問体系を横断する新たな視点、解釈、論考（**→パラダイムシフト**）を与える可能性がある（第10章）と考えています。

本言説における私の論理は、それぞれの学術分野での歴史的背景や現在の常識に対し、議論が不十分であったり、飛躍や矛盾があることと思います。その場合は批判をいただきたく思います。本書が平和への議論の場となり、さまざまな学問分野を跨いだ交流のきっかけになれば嬉しく思います。

（注1）本書における思索・論考は、進化的思考を基盤としています。決して優生学的見地、あるいは、女性vs男性の階層的二項対立からの言説ではないことは、

この後の文章を読んでいただければ理解できることと思います。

（注2）本書は、論理性を基盤として書いているつもりです。前半部での生命科学的記述が苦手な方、あるいは興味のない方は、飛ばしていただき、興味ある題名の章やセクションがあれば、そちらに飛んで読んでいただくことをお勧めします。論理性や物語性から脱却し、自由な時空間で楽しんで読んでいただくことも、期待しています。また、何かを感じ、反駁して、自ら考えて、〝人類世界の歴史と未来を想像〟して批評していただきたいと思います。

**《本文中の表記について》**

- 太字：重要単語
- 罫線：強調したい箇所
- 二重罫線：特に強調したい箇所
- 角カッコ（「……」）：オス脳ミームとその関連キーワード
- ダッシュ（〝……〟）：角カッコ以外のキーワードおよび引用系ワード

目次

## 第2章

# 色覚遺伝子と性淘汰（性選択）
# 〜哺乳類の［オスーオス闘争］には恐竜が関与⁉



## 第3章

# 攻撃性・暴力性を特徴とする哺乳類
# ［オス脳（male brain）］による殺傷性
# 〜種のためではなく自身の衝動・欲求に依存⁉

# 第4章

# 「オス脳」はアンドロゲン（雄性／男性ホルモン）によって形成される

## 第5章

# ［残存オス脳（residual male brain）］
# ～非・低アンドロゲン下でも［オス脳］は維持される

# 第6章

## [オス脳ミーム(male brain meme)]
## ~オス脳を基盤とした社会に継承されてきた男優位の社会脳

# 第7章

# [オス脳ミーム]を介した人類社会の殺人・殺戮・戦争

# 第8章

# ［オス脳ミーム脱構築（deconstruction of male brain meme）］へのヒント：非オス脳ミームの人たち

# 第9章

# ［オス脳ミーム脱構築］の実現に向けて：ミームシフト（オス脳ミームから多様性寛容の平和ミームへ）

第10章

# ［オス脳ミーム］という観点からの人類文化・世界の再構築

# 第1章

## 哺乳類の性淘汰（性選択）［オス―オス闘争］

## 〜哺乳類の多くの種では
## メスよりオスが大きいのはなぜか？

一般に、男性は女性よりも大きいです。もちろん、ヨーロッパ系女性とアジア系男性を比べれば、逆のこともあります。しかし遺伝学的に近い集団内では、一般的に女性よりも男性のほうが大きいです。人類以外の動物はどうでしょうか？　ライオン、ゾウ、トド、ゴリラなどはオスがメスに比べかなり大きいです。例外もありますが、哺乳類のほとんどの種で、大なり小なり、メスに比べオスが大きいのです。人類は、哺乳類に属し、哺乳類は脊椎動物に属します。一方、その他の脊椎動物である魚類、両生類、爬虫類、鳥類などでは、オスよりもメスが大きい種は数多く存在します。哺乳類以外の脊椎動物では種によって雌雄の大きさがさまざまなのに、哺乳類はほぼ一貫してオスのほうが大きいのは、なぜでしょうか？　キーワードは「**性淘汰（性選択）**」です。

## １－１　性淘汰（sexual selection）とは？

**チャールズ・ダーウィン**は、環境要因などの選択圧下の同じ種の雌雄において、形態が異なる〝性的二型形質〟の進化が、自ら提唱した［**自然選択**（natural selection）］では説明できないことに対して、悩んだといわれています。例えば、鳥類のクジャクの場合、オスは羽が派手でかつ大きく長いので、天敵に捕食されやすいなど生存に不利と考えられるものの、派手なオスの羽はメスへの求愛に使われるのではないか、と考えたようです。彼は、このような考えをもとに、あの『種の起源』の出版から12年後の１８７１年、『人間の進化と性淘汰』という本で、〝自然選択〟とは異なる［**性淘汰**（**性選択**）］という概念を提唱しました（ちなみに現代進化学の主流は、性選択は自然選択の一部と考えられています）。性淘汰には大きく**異性間淘汰**と**同性間淘汰**があります。

## 【異性間淘汰】～オスがメスにアピール！

異性間淘汰は、配偶者選択とも呼ばれます。前述のクジャクに見られるメス―オス間の選択では、メスがオスを選択する場合が圧倒的に多いようです。この場合、オスがメスより大きいこともありますが、ほぼ同じ、あるいは、メスがオスより大きいこともあります。オスは、メスに気に入られる信号（形態や行動）を発し、メスに選んでもらう。例えば、鳥類の場合、種によってさまざまですが、羽の形態（長さ、大きさ、美しさ〈模様数・色鮮やかさ〉）、鳴き声の質、求愛ダンス、貢物、あるいは巣作りなどで、メスにアピールするわけです。鳥の鳴き声のうち、さえずりはオスがメスに対して行います。カエルの鳴き声も、多くはメスに向けてです。昆虫では、セミなどの鳴き声やホタルの発光はオスがメスに対して行います。一方、逆に、オスが配偶者を選ぶ種も稀にいるようです。モルモンコオロギが知られています。生命には例外はつきものです。生命多様性の根幹がここに窺われます。種あるいは集団によって様式は多様であり、環境ニッチにより、様式は創意工夫（？）されたものが集団内で選択されてきたと思われます。

性淘汰の様式も多様ですので、哺乳類にも、主に異性間淘汰を採用する種（あるいは集団）があってもよいかなと思うのですが、私の知る限り、典型的な異性間淘汰の報告はありません。一つあるとすれば、現代の人類です。自由恋愛が通念となってきた現代の多くの国の人々では、異性間淘汰が採用されているといえるかと思います。［オス脳ミーム］（第６章詳述）の典型である**家父長制**が強かった近代まで、自由恋愛による婚姻は少なかったのです。そして、現在も、いまだ［オス脳ミーム］の強い影響下の国では、自由恋愛による婚姻は少ないと考えられます。

**【同性間淘汰】哺乳類の［オス―オス闘争］～哺乳類のオスが大きい理由！**

同性間淘汰とは、異性を獲得するために、同性の個体が争うことをいいます。同性間淘汰の多くは、メスを獲得するために、オス同士で争いが行われます。哺乳類の性淘汰は、多くはこの同性間淘汰で、その多くが**［オス―オス闘争］**であることが知られています。オス―オス闘争では、儀礼的威嚇だけでなく、小競り合い、場合によっては、本格的な闘争により、一方が死に至ることもあるようです。

## （１）哺乳類のハーレム（ハレム）［harem］

［オスーオス闘争］の極限様式の一つがハーレム（メス複・オス１）と呼ばれるものです。ハーレムで有名なのは、百獣の王と呼ばれるライオンです。ネコ科の動物の多くはハーレムや大きな群れを作らないようなので、ライオンに至る種分化過程でハーレムという性淘汰システムが選択（集団社会の伝播であるミームがこの選択に関与したかは、検証しなければわかりません）され、ライオンの祖先集団が確立されてきたのかもしれません。一方、海のライオン（sea lion）と呼ばれるアシカを含む進化系統群の鰭脚《ききゃく》類（アシカ科、アザラシ科、セイウチ科）では、多くの動物種がハーレム制を採用しています。鰭脚類の祖先でハーレム型が選択され、採用させたものが生き残ってきたのかもしれません。ゾウアザラシの場合、１頭のオスが１００頭以上のメスとハーレムを作ることもあるようです。進化系統的には鰭脚類とは離れますが、同じ海の哺乳類で有名な偶蹄目に属するクジラ類にも、マッコウクジラ、シャチ、バンドウイルカなどでハーレムが確認されています。

## （2）シカの角の進化

クジラと同じ偶蹄目に属するシカ科の動物の多くも、繁殖期にハーレムを作ります。シカのほとんどは雄に角（ツノ）があり、この角は、捕食者の撃退に使われることもありますが、メスを獲得するための［**オスーオス闘争**］に使われます。シカのほとんどの種でオスだけが角を持つことは、この性淘汰により、体が大きく、角の大きいオスが集団内で選択されてきたからだと考えることができます。シカ類の中で、世界最大種のヘラジカ（欧州・シベリアではエルク、北米ではムースと呼ばれる）では、角の端から端までの幅が1・8m、重さは18kgに達する個体もいるそうです。18kgの角、それを支える首。性淘汰の凄さを感じます。ちなみに、シカの中で珍しく雌雄ともに角を持つものもいます。サンタクロースで有名なトナカイです。角は［オス―オス闘争］に使われるだけでなく、雪を掘ることによって餌を得るために使われるようです。性淘汰ではなく、生存のために、メスでも角があるものが選択されてきた（生き残ってきた）と考えることができます。

### （3）有袋類カンガルーのボクシング

哺乳類は、カモノハシ、ハリモグラが属する原獣類（単孔類）、カンガルーやコアラが属する後獣類（有袋類）、そして人類が属する真獣類（有胎盤類）に分類することができます。オーストラリア、ニュージーランドに生息する有袋類は、獰猛《どうもう》な真獣類に進出されなかったゆえに、生き残ってきたと考えられています。行動がゆっくりしたコアラのような動物は、真獣類がオーストラリア大陸に進出していたら、生き残れなかったかもしれません。そんな獰猛そうでないコアラも、ハーレムを［オス―オス闘争］のシステムとして採用してます。カンガルーもです。カンガルーのボクシングは［オス―オス闘争］に使われます。

## （４）霊長類（サル類）の［オスーオス闘争］

人類を含む霊長目（サル目）の多くの種では、［オスーオス闘争］の究極型のハーレム（メス複・オス１）型が採用されています。しかし、ペア婚（メス１・オス１／一夫一妻）型や複複（メス複・オス複）型も少なくなく、さらに、逆ハーレム（メス１・オス複）型もごく少数種存在するようです。現代人類の多くがペア婚型であることを考慮すると、人類に系統進化的に近い高等なサルほど、ペア婚型が多くなるのではないかと想像されますが、実はそうではありません。子作り形式は、集団が持つゲノムと環境とのバランス、あるいは脳を介した集団あるいは親子間の伝播も関わり、それぞれの集団で選択されてきたものと思われます。霊長目は、尾を持つサルと持たないサルに分類することができ、後者は類人猿（ape）と呼ばれます。類人猿には、テナガザル、オランウータン、ゴリラ、チンパンジー、ボノボ、原人、新人、現生人類などが含まれますが、この中で人類に系統学的に一番遠いテナガザルがペア婚（メス１・オス１）型を採用しているのに対して、オランウータンとゴリラは［オスーオス闘争］の極限的なハーレム型、チンパンジーとボノボは複複（メス複・オス複）型です。ペア婚型のテナガザルは、雌雄で大きさがそれほど変わりませんが、チンパンジーとボノボは若干メスに比べオスが大きく、オランウータンやゴリラはオスがメスに比べ圧倒的に大きいです。［オス―オス闘争］が激しい種ほど、より大きく強いオスが集団内で選択されてきたと考えられます。

まとめますと、哺乳類ゲノムの基盤に流れる［オス―オス闘争］は、人類を含む高度な脳を持つ霊長目の多くの種の**社会脳**にも大きな影響を与えてきた、と私は考えています。

## (5) 猿人から現代人への進化と［オス―オス闘争］

### 〈集団の環境とミームを介した配偶形式の多様性〉

人類の祖先の配偶形式は、多くの霊長類種で採用の［オス―オス闘争］の究極型のハーレム型か、チンパンジーやボノボのような複複（メス複・オス複）型か、あるいはペア婚型であったかはよくわかっていません。私は、社会性の強い哺乳類種の配偶形式は、ゲノム、生態、環境、食物資源、捕食者などのさまざまな要因によって集団内で選択され、集団の安定化に伴い、原始的ミーム（社会脳）を介して固定化されたのではないかと、推察します。チンパンジーの祖先と分岐した人類の祖先（ヒト亜族）も同様で、集団により、ハーレム型、複複型、ペア婚型、あるいは混在型があったのではないかと想像します。

## 〈サバンナ化と人類祖先の社会進化：集団内利他行動〉

人類への進化における環境の大きな要因の一つは、アフリカにおけるサバンナ化です。サバンナ化は多くの猿人種の絶滅に関連したと思われますが、数百万年もの長い間に徐々に進行したため、ある集団（アウストラロピテクス由来の可能性が高い）がゲノム的にも、社会脳的にも進化して生き残ってきたとも考えられます。森林から草原への変化は、子育てしながら捕食者から身を守るために、集団行動が必須となり、人類の社会進化を促進したことでしょう。**二足歩行**、**脳容積増加**、石器などの**道具**の発明と伝達は、サバンナ化と深く連関していると考えられます。さて、集団行動を伴った社会進化により、ヒト（*Homo*）属（原人から現代人まで）は複複型、ペア婚型、ハーレム型の混在型を採用してきたのではないかと前述しました。ゲノム内に、［オス―オス闘争］基盤を持ちながらも、社会脳の発達に伴い、集団内利他行動を身につけ、集団内の［オス―オス闘争］を抑制してきたと考えられます。現代人の祖先のホモ・サピエンス（*Homo sapiens*）は、5万年ほど前にアフリカを出て（out of Africa）、ユーラシア大陸に進出していきました。同じヒト属のネアンデルタール人は、それより前にアフリカを出てユーラシア大陸に進出しており、後発のホモ・サピエンスは、ネアンデルタール人と交雑していたようです。近年のＤＮＡシークエンサー、古代人ゲノムの抽出法、ビッグデータ解析等の技術革新により、ネアンデルタール人のゲノムＤＮＡ情報が、スヴァンテ・ペーボらにより解読され、その解析から交雑が明らかになりました［Green et al. 2010］。ちなみにスヴァンテ・ペーボは、この研究を含めた古代人のゲノム解析により、２０２２年、ノーベル生理学・医学賞を受賞しました。以下の言説では、２者は同じ種の亜族とし、学名を*Homo sapiens sapiens*および*Homo sapiens neanderthalensis*とします。いずれにせよ、*Homo sapiens*は、**言語という文化**を携え、発展させ、ほぼ全世界へと拡散していきました（『古代ゲノムから見たサピエンス史』２０２３）。

現生人類は、どの系統も平均すれば女性に比べ男性が若干大きいのですが、その若干の中にも系統によって相違の差が多少あります。例えば、モンゴロイド（黄色系）は、コーカソイド（白色系）に比べ、男女ともに身長は低く、その差が小さいようです。この系統差に**遺伝的浮動**（genetic drift）あるいは**性淘汰**（sexual selection）のどちらがより大きく関わっているかはわかりませんが、いずれにせよ、人類は、哺乳類のゲノムの根底に刷り込まれた［オス―オス闘争］由来の脳（本書では、今後、**［オス脳］**と呼びます。第3章で詳述）を引きずって現代に至っていると考えています。すなわち、我々人類は有史以降も、哺乳類の［オス―オス闘争］の基盤を持ったゲノムと、それ由来の**［攻撃性・暴力性］**を特徴とする本能である［オス脳］を維持してきているのです。

ちなみに、ギリシャ神話で、最初の女性であるパンドーラの出現が人類に災厄（男性間の争いなど）をもたらしたという話がありますが、古代人も［オス―オス闘争］を感覚的に認識していたということがうかがわれます。

## 1-2　利己的（selfish）な［オス―オス闘争］

［オス―オス闘争］は、オス個体の利己的な行動なのでしょうか、あるいは結果的には、種（集団）維持のためと評価できる非利己的な行動なのでしょうか？　現在の多くの進化

学者は、種を残すための利他的な行動であるとは考えていません。私も、「オス―オス闘争」は、利他的な行動ではなく、極めて利己的な行動と考えています。そのほとんどは、自分自身の脳の中の「オス脳」から誘発される衝動・欲求・欲望に従い、オスが行う獣（ケモノ）的かつ利己的な本能行動です。この行動は攻撃的です。

前述したように、種によっては相手が死に至るような凶暴性を伴うことがあります。すなわち、哺乳類の「オス脳」は、哺乳類ゲノムの基盤に刷り込まれたオスの本能を規定するもので、**攻撃性・暴力性・凶暴性**が特徴です。この特徴については、第2章で詳述し、第3章、第4章で、〝戦争〟は自身および自集団の利己的行動である、との主張に繋げていきたいと考えます。

## 1-3 利己的遺伝子（selfish gene）は本当に利己的（selfish）か？

文字通り、「自分のために」という意味を持つ〝利己的〟という言葉ですが、個体と遺伝子という観点から考えてみたいと思います。「オス―オス闘争」に関わる遺伝子は、利己的なのでしょうか？　あるいは一般の遺伝子は利己的なのでしょうか？

**コンラート・ローレンツ**は、１９６３年、著書『攻撃―悪の自然誌』で脊椎動物における「攻撃本能」について記述し、生物学界だけでなく、一般社会にも大きな反響を及ぼしたといわれています。しかし、彼の主張していた〝種の存続のための攻撃本能〟という考え方は、現在、多くの学者に否定されています。**［攻撃本能］**は、種の存続のためでないという考え方が主流です。哺乳類に関しても、攻撃の多くは自身の存続や欲求のためと考えられますが、プラス、親の子を守る防御や、社会性がある場合、集団の仲間を守る防御として、利他的な攻撃行動が少なからずあります。［オス―オス闘争］における攻撃に関しては、ほぼ個体レベルでの利己的行動と考えてよいかと思いますが、社会性があれば、集団内の複数オスによる利己的行動と考えることもできます。これが人類の戦争の起源と私は考えています（３－２後述）。

では〝利己的〟を**［個体vs遺伝子］**で考えてみましょう。**リチャード・ドーキンス**は１９７３年、ジョージ・ウィリアムズやエドワード・オズボーン・ウィルソンが提唱した遺伝子選択説（利己的遺伝子論）を一般向けに紹介した『利己的な遺伝子（The Selfish

Gene)』を著しました。これを解釈すると、**［オスの攻撃本能］**に関わる遺伝子は、［オス—オス闘争］の中で［強いオスを乗り物］として集団内で増殖してきた、ということになるかと思います。例えば、シカのオスの角の大きさに関わる可能性のある遺伝子が、［オス—オス闘争］の中で、角がより大きくなるようなＤＮＡ変異（あるいは、その遺伝子の重複を介した新機能獲得型の新規遺伝子の誕生など）を伴ったとします。その変異遺伝子（あるいは新規遺伝子）は、利己的遺伝子として、集団内で選択・増殖（遺伝子プールで占有率が上昇）していくというシナリオです。

これは、現代の中立説と自然選択説を主とした遺伝子進化論に合致するものと思いますが、〝**selfish（利己的）**〟という言葉が私個人的には不満です。〝利己的〟という言葉は一般の方にセンセーショナルで、誤解を招きやすいものです。利己的遺伝子論は、遺伝子のみに価値があり、個体や細胞は遺伝子を残すための乗り物に過ぎない、という誤解を与えかねないので、私は適当な言葉とは思いません。遺伝子で言えば、「The Selfish Gene」というより、「The Struggle Genes」がより適当な言葉であると思います。実は、ドーキンスは、〝Gene〟を分子生物学的な〝遺伝子（Gene）〟の概念とは異なって考えていたようですが、一般の方には誤解を与えます。細胞・個体にとって、ほとんどの〝遺伝子〟は、決して〝利己的〟ではない。細胞・個体の生存・増殖システムの中で、遺伝子は生かされていると捉えることもできます。

実際、遺伝子の突然変異は、多くが中立か弱有害であり、強く有害なものは集団内から排除されていきます。ほとんどの遺伝子は、純化選択を受けて種間で保存されます。〝利己的〟が形容詞としてピッタリな名詞は、〝遺伝子〟ではなく、ＤＮＡで、トランスポゾンのような宿主細胞に害を及ぼす可能性が高い核酸エレメントです。これらの**利己的ＤＮＡ**は、宿主の多くに有害で、活動が抑制されますが、たまたま有用なものとして選択されている遺伝子も何例か報告されています（我々もそのような遺伝子を発見しています［Hayashi et al. 2022］）。

ヒトを含め多くの多細胞生物では、ゲノムＤＮＡのうち、遺伝子の占める割合は半分以下です。半分以上が、この利己的ＤＮＡ由来です。興味深いことに、人類を含む動物界では、この利己的ＤＮＡが利己的に振る舞わないように、piＲＮＡという小さなＲＮＡを細胞内（特に生殖系列細胞）で生産します。piＲＮＡはpiＲＮＡ遺伝子から転写されますが、利己的ＤＮＡを防御するpiRNA遺伝子は、なんと利己的ＤＮＡ断片をゲノム内に蓄え、我々のゲノムや細胞を守っているのです。自己ゲノム内の〝**内なる敵**〟である利己的ＤＮＡが暴れたとき、生命はその〝内なる敵〟の一部を味方にするような巧妙なシステムを進化過程で構築し、これを発展させてきたのです。

もう一点大事なことを書き添えておきます。比喩的な表現には、説得力があり、次元が異なる場合、アート的な想像力を引き出しますが、科学的には連想であり、連関ではないことを認識するべきと、主張したいです（もちろん、科学に想像力はとても重要です）。科学者の言葉は、専門外の人に、連想を介して一人歩きすることがあります。**利己的な遺伝子**もその一つです。そして、本言説において、例を言えば、「オスーオス闘争」をするオス個体は極めて〝**selfish（利己的）**〟と解釈可能ですが、「オスーオス闘争」の中で選択されてきた遺伝子は〝**selfish（利己的）**〟ではないのです。

## コラム１　［遺伝子間闘争］＆［ゲノム間闘争］

［オス―オス闘争］とは次元が異なるのですが、我々は、現在、【遺伝子―遺伝子闘争】あるいは【ゲノム―ゲノム闘争】という概念の提案およびその検証研究を行っています。前者は性決定遺伝子間の闘争です。雌雄を決める性決定遺伝子は、種あるいは集団によって異なることがあるくらい、極めて多様性に富んでいます。たまたま集団内で性決定に関わる新規の遺伝子ができると、既存の性決定遺伝子と闘争し、場合によっては新・性決定遺伝子の誕生になるという〝性決定遺伝子の下剋上進化仮説〞（伊藤道彦　２０１９）を立て、実験的な検証を行っています。後者のゲノム間闘争は、近縁種間の異種交配系において、２種の異種ゲノムが遭遇すると相手を非自己と認識して、ゲノム間闘争すると仮説を立て、BIG DATA解析を行っています。その闘争要因は先に述べた利己的ＤＮＡとそれを抑えるpiRNAと推察しています（Suda et al. 2022; Suda et al. 2024）。

# 第2章

## 色覚遺伝子と性淘汰（性選択）
## ～哺乳類の「オスーオス闘争」には恐竜が関与!?

第1章では、哺乳類の祖先における［オス－オス闘争］型の性淘汰システムの選択に伴い、哺乳類では、攻撃的・暴力的な［オス脳］が構築されてきた、と言説しました。第2章では、攻撃性・暴力性を掘り下げる前に、なぜ、哺乳類の祖先は、［オス－オス闘争］型の性淘汰システムを採用し、**［攻撃的オス脳］**を本能とするゲノムを構築し、これを継続してきたのだろうか、について議論したいと思います。

## 2－1　光受容体（色覚）遺伝子

**【色覚オプシン遺伝子】**

植物は、光合成により光のエネルギーを物質へと変換させています。一方、動物では、生存適応において光を感じる走性を獲得し、さらに、光を受容する器官の一つとして眼が発達・多様化してきました。光センサーが、集合して高密度化し、高解像度視覚センサーである器官として眼が発達・多様化してきた動物が、地球上に拡散してきたと考えられます。興味深いことに、頭足類（タコ、イカ）のレンズ眼や、昆虫の複眼、哺乳類を含む脊椎動物のカメラ眼は、それぞれの系統で独自に進化してきた視覚システムと考えられています。

視覚器官は多様化してきましたが、光センサー分子であるタンパク質とその遺伝子には、進化的な共通性が認められています。10億年以上前、動物と菌類の共通祖先で誕生したと考えられているＧタンパク質共役受容体（ＧＰＣＲ）の遺伝子ファミリーの中に、光受容体の遺伝子サブファミリーがあります。**オプシン**をコードする遺伝子サブファミリーで、光量に対する感受性が非常に高く、主に明暗の感知に関わるオプシンをコードする遺伝子と、光の吸収波長により色の認識に関わる色覚オプシンをコードする遺伝子があります。色覚オプシンの遺伝子は、オプシン遺伝子の重複と突然変異により、系統進化あるいは種分化過程で、光の吸収波長のパターンが異なるオプシンをコードする遺伝子として分子進化し、多様化してきました。我々動物は、色覚オプシンの種類、組み合わせにより、「色」を認識することができます。

## 【動物によって異なる色の世界】

脊椎動物の一部や、無脊椎動物の昆虫や甲殻類の多くは、4種の色覚オプシンを介した**四色色覚**を持っています。これらの生物は、ヒトにはない紫外線を吸収できる色覚オプシンを持つため、我々には見えない視覚世界を持っていることになります。ただ、昆虫がすべて、4種のオプシンを持つわけではありません。例えばアリは明暗を感じますが、色覚がないといわれています。同じハチ目に属するハチとアリでは、その共通祖先に色覚遺伝子はあったのですが、アリは色覚遺伝子が機能しなくても生存してきたと考えられます。

ちなみに、色覚ではなく、同じGPCR型タンパク質をコードする嗅覚遺伝子に関しては、臭い情報は生存に重要ですので、多種類の嗅覚遺伝子が残っていると考えられています。この〝必要がない遺伝子は、自然選択を受けないため、変異により、偶然に遺伝子が無機能化（偽遺伝子化）あるいは欠失することがある〟という考え方は、後述（2-2）する〝哺乳類で色覚遺伝子はなぜ欠失したか?〟に関わってきます。

**【脊椎動物の色の世界：基本は四色色覚】**

我々人類が属する脊椎動物は、尾索動物（ホヤなど）や頭索動物（ナメクジウオなど）と同じ、脊索動物門に属します。最近のゲノム解析から、脊椎動物は、尾索動物との共通祖先から分岐したあと、同種間で全ゲノム重複（**同質型全ゲノム重複**）が起き、その後、軟骨魚類の祖先で異種間での交配（雑種）によって異種由来のゲノム重複（**異質型全ゲノム重複**）が起き、その共通祖先が、現在の両生類、爬虫類、あるいは哺乳類に系統進化してきたといわれています（Simakov et al. 2020：Nakatani et al. 2021）。ちなみに、大野乾《すすむ》という進化学者が、ゲノム配列どころか、個々の遺伝子配列もほとんど解析されていない時代の１９７０年、『遺伝子重複による進化』という著作の中で、脊椎動物は進化過程で２回の全ゲノム重複が起こった、と予想しました（Ohno 1970）。

オプシン遺伝子に関しては、昆虫とは異なる脊索動物の祖先のオプシン遺伝子が、全ゲノム重複あるいは個別の遺伝子重複により増幅されたあと、淘汰され、その祖先に５種のオプシン遺伝子が残ったのではないかと考えられています。１つは、光に対する感度がダントツに良く非常に暗いところで機能するオプシンの遺伝子（**白黒オプシン遺伝子**）で、視細胞の中の桿体《かんたい》細胞で発現します。我々がとても暗い中で微かに見える世界は、この白黒オプシンによるものです。残りの4種は、紫外線、青、緑、そして赤に吸収極大波長を持つオプシンの遺伝子（それぞれ**紫外線**、**青**、**緑**、**赤オプシン遺伝子**）で、視細胞中の錐体細胞でそれぞれ発現し、色覚情報を脳に伝えます。すなわち、脊椎動物の祖先の基本の色覚は、紫外線、青、緑、赤オプシンによる**四色色覚**と考えられています。マグロ、サケなどの真骨魚類では、その祖先で全ゲノム重複がさらにもう1回起きたので、多くの種で色覚オプシン遺伝子の数は4種以上あります。

両生類では、どうも緑オプシン遺伝子を欠いた三色色覚が主ではないか、と予想されています。爬虫類では、脊椎動物の基本型の四色色覚を採用する種が多く、例えば、恐竜と進化的に近縁な爬虫類に属する鳥類では、ほとんどが四色色覚を持っているようです。

## 2－2　哺乳類の夜行性と色覚遺伝子喪失

**【恐竜時代に夜行性が定着⁉】**

古生代の石炭紀、両生類の中から胚を囲む羊膜を持つ〝**有羊膜類の祖先**〟が誕生しました。両生類は、池、川などの水環境がなければ胚発生はできなかったのですが、羊膜に囲まれた羊水中で、呼吸や物質交換が可能となりました。すなわち、陸上での胚発生が可能になったわけです。陸上での棲息範囲が広がり、〝有羊膜類の祖先〟から、爬虫類の祖先の竜弓類と哺乳類の祖先の単弓類が分岐します。単弓類は昼行性であったようですが、約3億年前、単弓類由来の哺乳類の祖先は、〝**夜行性**〟に移行し、一部の色覚遺伝子が喪失し、二色色覚になったのかもしれません。

約2億年前の中生代のジュラ紀には、二酸化炭素濃度が上がり、酸素濃度は大幅に低下し、低酸素でも機能を維持できる双弓類（爬虫類）が繁栄します。ここで重要な点は、恐竜を含む主竜類が繁栄を極めたジュラ紀・白亜紀に、哺乳類が夜行性として生き延びたと

恐竜時代：哺乳類は夜行性

考えられていることです。夜行性ゆえに、色覚はそれほど必要なく、光に対する感度を上げる桿体細胞が増え、さらに嗅覚や聴覚の向上したものが生存や種多様化に有利に働いた可能性もあります。嗅覚受容体遺伝子（色覚遺伝子と同じGPCR型タンパク質コード遺伝子）の重複進化による嗅覚能力の上昇と、耳小骨が増えることによる聴覚能力の上昇です。これらは、捕食者からの回避や昆虫などの捕食能の向上などに貢献してきたと考えられます。要約すると、恐竜出現以前に誕生していた哺乳類の祖先は、夜行性に伴い色覚遺伝子を一部失い、**二色色覚**となり恐竜時代を生き延びたということになります。

自ら好き好んで色覚放棄したわけではありません。前述したアリと類似の色覚衰退と考えられます。分子レベルでは、**収斂的色覚遺伝子の非機能化**（欠失あるいは偽遺伝子化）といってよいでしょう。実際、哺乳類には、赤オプシン遺伝子のみ機能する一色色覚になった種（たとえば、齧歯目ムササビ、コウモリ目オオコウモリ、霊長目ヨザルなど）もいます。

**【夜行性・二色色覚とオス―オス闘争】**

恐竜を含め地球上の生命のほとんどが大量死滅した白亜紀末（約6600万年前のK－Pg境界）、生き残った哺乳類の祖先は、さまざまな生態的ニッチに進出し、種分化していきました。昼間のニッチも空き、昼行性の哺乳類が進化し始めました。哺乳類の祖先は、2億年以上の間、夜行性で、しかもゲノム的には二色色覚システムであったため、視覚的にアピールする異性間淘汰システムは発達しにくかったと考えられます。また、強い生存力と相反しない［オス―オス闘争］の性淘汰システムが、これらの哺乳類で採用され出したと考えられます。

## 【霊長類は進化過程で色覚遺伝子が増えた！】

多くの獣亜綱哺乳類のX染色体上には、（たまたま）オプシン遺伝子があります。面白いことに、霊長類の進化過程で、このオプシン遺伝子の重複あるいは変異により、吸収極大が多少異なる〝赤オプシン遺伝子〟と〝赤─緑オプシン遺伝子〟が誕生しました。広鼻猿（新世界ザル）類では、X染色体を1つ持つXY型のオスは二色色覚ですが、メスはXX型ですので、中には組み合わせにより三色色覚の個体も存在します。そして人類が属する狭鼻猿（旧世界ザル）類ではその祖先で不等交差が起き、X染色体上に〝赤オプシン遺伝子〟と〝赤─緑オプシン遺伝子〟が近くに座位し、その祖先集団はメスもオスも**三色色覚**となったようです。

ヒトで色覚障害が男性に多いのは、女性がX染色体を2本持つのに対し、男性はX染色体を1本しか持っていないからです。霊長類は、赤オプシンと赤─緑オプシンの波長域がかなり重なっていますが、一応、三色色覚を獲得したことになります。この三色色覚の獲得が集団内に固定化され、そのあと維持されてきたのは、霊長類が広葉樹の森林で進化してきた樹上生活する動物であり天敵が少なかったこと、多様な食性（果実、葉、昆虫など）により夜行性から昼行性にシフトしてきたこと、と連関性があると想像されます。すなわち、この三色色覚の獲得は、霊長類の共通祖先において、生存や繁殖に有利であった可能性が考えられています（河村正二　2021）。

**コラム2　魚・鳥に色とりどり鮮やかさんがいるのに、哺乳類が地味（白黒茶系）なのはなぜ？**

哺乳類、例えば、ライオン、ネコ、ラクダ、カンガルー、そして人類（服・化粧で鮮やかな人はいますが）を思い浮かべてみてください。ほとんど**白黒茶系**で、色鮮やかさんがいません。哺乳類以外の他の脊椎動物では、鮮やかな色を持つ動物種が多く存在します。例えば、オウム、カメレオン、熱帯に生息するカエルや熱帯魚です。哺乳類の外見の地味色と、前述した哺乳類の**二色色覚**とは、関係あるのではと思っていただけるかもしれません。

哺乳類の体色には、メラニン色素が使われており、二色色覚と外見の色とは直接の関係はないのですが、二色色覚であると色による選択圧が少なくなります。

前述したように、“やっとこさ**三色色覚**を獲得した”霊長類では、オナガザル科のマンドリルが、鮮やかな色（赤、青、紫）を持つことから、色覚と体色が関係ありそうだと感じていただけるかと思います。このマンドリルの鮮やかな色は、成体のオスで顕著であり、ハーレムを作るマンドリルは、従来の［オス―オス闘争］の性淘汰にプラスアルファとして鮮やかな色が性選択に採用され、維持されたのかもしれません。同じ科のベルベットモンキーのオスは、精巣部と外性器のみ鮮やかな色を呈していますが、同様の理由と想像します。人類が色鮮やかにならなかったのは、色鮮やかさが性選択のプラスアルファに関わらなかったからと考えられます。

まとめますと、哺乳類の祖先は、色覚遺伝子を失い二色色覚になり、オスが鮮やかさでメスを誘う異性間の性淘汰システムは選択されず、オスの同性間の性選択が採用されてきたと考えられます。言い換えると、二色色覚は［オス―オス闘争」でオスが勝ち抜くという性選択を助長したと考えられる、ということになります。すなわち、「オス―オス闘争」の基盤である攻撃性をもたらす「オス脳」構築の基盤は、色覚遺伝子の喪失と恐竜時代に夜行性で生き延びてきたことが関与したと考えられるのです。

# 第3章

## 攻撃性・暴力性を特徴とする哺乳類［オス脳（male brain）］による殺傷性
## ～種のためではなく自身の衝動・欲求に依存⁉

**［オスーオス闘争］**は、例外はあるかもしれませんが、基本的には、種を維持するためでも、自分の遺伝子を残すためでもなく、自分自身の脳（［オス脳］）から誘発される衝動・欲求・欲望のために行われていると考えられます。結果として、集団が維持されたり、遺伝子が淘汰されたりします。第3章では、哺乳類の［オスーオス闘争］における**攻撃性・暴力性・凶暴性**、さらに、同じ種間で殺し合いをするという悲惨な残虐性について概要を記し、**［オス脳］**を考察していきたいと思います。ここで今一度、哺乳類の［オス脳］という言葉を定義すると、哺乳類ゲノムに染み付いた［オスーオス闘争］由来の衝動・欲求・欲望を基盤として、性淘汰機構の中で哺乳類に受け継がれてきたオスの本能であり、攻撃性・暴力性を特徴とします。

## ３−１　哺乳類における同種間の［オスーオス闘争］による殺傷

動物界では、同種内での他個体への攻撃は、オス間だけでなく、メス間、メスーオス間でも見られます。しかし、攻撃により傷を負い、場合によっては死に至るような凶暴な暴力性は、**［オスーオス闘争］**を基盤としたものがほとんどです。魚（真骨魚類）や鳥では、種によっては縄張り争いにおいて、［オスーオス闘争］がありますが、致命傷を負うようなことはほとんど見られません。［オスーオス闘争］で致命傷を負う場合は、ほとんどが哺乳類です。ハーレムを作る種や角がある種で起きることがあります（後述しますが、チンパンジーと人類には別格の凄さがあります）。ワニは同種で共食いすることがあるようですが、［オスーオス闘争］ではなく、自身の食のためにサイズの小さいものや弱いものに対して行うようです。

面白いことに、ワニのような獰猛な爬虫類は、〝獣〟とはあまり呼ばれません。〝獣〟は一般的に哺乳類を指すことが多いようです。哺乳類には、分類名的に、獣という字が入っているのです。現存する哺乳類は、原獣亜綱の原獣類（単孔類）、獣亜綱の後獣類（有袋類）と真獣類（有胎盤類）に分けられます。哺乳類は母乳に代表される分類群で、メスが母乳で子供を育てるという優しい利他行動を特徴とします。一方、前述したように、哺乳類の中には、ワニのような共食いが目的ではなく、オスがメス（集団）の獲得のために同種のオスを、あるいは、メスがいなくても本能的に同種のオスを殺傷する、まさに〝獣〟と呼ばれるに相応しい行動を示すものがいます。獣の要素は、オスに代表されることになります。〝あの人は獣のようだ〟という比喩では、そのヒトが野蛮で理性的でない人、理性で欲望を抑えられない本能的な人を指すことになるかと思います。

人類は哺乳類に属しますから、獣的要素を持っているのですが、これはオス由来が基本なのです。戦争は、同種（多くが男性間）で殺し合いをするわけですから、まさに〝獣〟と呼ばれるに相応しいと私は思います。ただ、獣＋知性があるのが戦争です。戦争が恐ろしいのは、オス脳という本能を背景としているものの、知的な戦略をもとに武器を用い、同種のヒトを複数（大量）殺戮し、その後の支配を目論むことです。

話を哺乳類に戻します。このセクションでの重要点は、哺乳類の〝獣〟の本能としての

［オス―オス闘争］では、メスが介在していなくても、［オス―オス闘争］で殺傷が起こる場合があるということです（後述します）。メスの取り合いのための［オス―オス闘争］は、メスが介在しなくてもオスの本能となっているのです。なんたることでしょう。これが人類にも脈々とゲノムに受け継がれてきたと捉えることができます。人類の歴史上における多くの大量殺戮の戦争は、女性が直接介入しない、［オス―オス（男―男）闘争］が背景にあると考えることも可能です。

さて、人類の戦争についての議論の前に、哺乳類の［オス―オス闘争］による結構悲惨な殺傷について例を挙げていきたいと思います。

## 【オス―オス闘争後の子殺し】

自身の子供や同種の子供の子殺しは、実験動物として飼育しているメダカや金魚が卵を食べてしまう、あるいは、私が研究に使っているツメガエルでも、親ガエルが幼生のオタマジャクシを食べてしまうことが多々あります。しかし、これは［オス―オス闘争］とは関係がありません。子育てをしない動物で、個体認識性が少なく、多産であることと関係しています。

［オスーオス闘争］が関与する子殺しは、ライオンが有名で、ハーレム型の哺乳類で観察される場合があります。［オスーオス闘争］で勝利したオスが、奪ったハーレムにおいて、自身の子ではない子供を標的にするものです。1962年、**杉山幸丸**は、霊長目ヒト上科と側系統のオナガザル上科に属するハヌマンラングールというインドに生息するサルのオスが、［オスーオス闘争］で勝利し、ハーレムを乗っ取ったあと、メスが抱える乳児をすべて殺す様子を観察しました（杉山幸丸 1980）。このサルの子殺しは、種はまったく異なりますが、戦国時代などで、敵将の子供を殺害する人類と類似しています。

さて当時の〝種の保存〟という通念からは、〝子殺し〟という現象は多くの生態学者にとって不可解な事柄として捉えられていたそうです。しかしその後、〝子殺し〟は、ライオンだけでなく、ジリス、イルカ、あるいは他種のサルでも報告されてきました。哺乳類では、ハーレム型あるいはハーレム的傾向を持つ［オス脳］由来の凶暴性・支配性が強い種では、〝子殺し〟はあり得るのです。注目すべき点は、同じハヌマンラングール種でも、インド東に生息するハーレム型を採用しない集団では、子殺しは見られないようなのです。ゲノム配列がほぼ同じでも、集団が異なれば、子殺しをしないということになります。このことは、文化の伝播である［ミーム］が子殺しと連関している可能性、さらに人類の戦争抑止のための論理的基盤にもなり得ると私は考えます。凶暴性の本能を誘発するゲノム、そんなゲノムを**［ミーム］**で変えることができるのです。このことは、第９章で考察します。いずれにせよ、［オス―オス闘争］の激しい集団では、競合のオスだけでなく、その子孫も殺傷するという残虐性があります。

## ３―２　戦争の起源 ～チンパンジー・人類に共通の［協力的攻撃システム］⁉

**チンパンジー**と**人類**は、類人猿（オランウータン、ゴリラ、チンパンジー、ボノボ、人類など）の中で、さらに広げれば**［オス脳（攻撃・暴力）］**を持つ約６千種以上の哺乳類の中で、同種に対する際立った**凶暴性・残虐性**を持っています。これらの２種では、［オス／男性］による［オス／男性］殺し・子殺しだけでなく、［メス／女性］への暴行・レイプ・拷

間が知られています。戦争では、敗者側は男性が殺されるだけでなく、女性・子供が暴行される、あるいは連れ去られる（kidnapping）ことがたびたびあります。なんと、獣を超えた鬼畜なことでしょうか。極めて重要な点は、この2種は共通して、際立った**凶暴性・残虐性**（鬼畜性）に加え、知的な**［協力的攻撃・暴力システム］**も持っているということです。繰り返します。チンパンジーと人類は、同じ［群れ／集団］の複数の［オス／男性］が、協力して同種の［群れ／集団］を攻撃するという、残虐で知的な［協力的攻撃システム］を持っているのです。

このオス同士による［協力的攻撃システム］は、約７００万年前のチンパンジーと人類の共通祖先で、すでに獲得されていたかもしれません。あるいは、社会性が強く、所属する自己集団と非自己集団の認識ができ、親による子の学習（ミームの原型と考えます）が可能な種であれば、この［オス脳］発展系の［協力的攻撃システム］は、収斂的に発生できたとも考えられます。例えばオオカミは、獲物を捕るときだけでなく、縄張り争いにおいて、他集団のオオカミとの闘争で［協力的攻撃システム］を使っていたようです。重要な点の一つは、この［協力的攻撃システム］は、哺乳類ゲノムから派生した［オス脳］を基盤として、**集団社会性**により芽生えたと考えられることです。そして、さらに重要なのは、オス同士による［協力的攻撃システム］こそ、まさに人類の〝**戦争の起源**〟であり、本言説で提案する**［オス脳ミーム］の原型**であると私は提案します。

## 3－3　チンパンジー・ヒトの凶暴的暴力性vsボノボの平和主義

チンパンジー（*Pan troglodytes*）と同じ*Pan*属のボノボ（*Pan paniscus*）は、チンパンジ

ジーと同様に、オスがメスに比べ若干大きく、メス複・オス複でありながら、なんと「オス－オス闘争」がほとんど観察されないようなのです。チンパンジーとボノボの生息環境は類似しています。それなのに、このオスの**凶暴性**と**平和性**の両極端性はどこから来ているのでしょうか？　遺伝子を含むゲノム情報はチンパンジーとボノボでかなり類似していると考えられます。先に、オナガザル上科のハヌマンラングールというインドに生息するサルでは、集団によって凶暴性が異なることを書きました。両方のケースは共に、ゲノム情報は非常に似通っています。**「異なる集団のミーム」**を介して、哺乳類ゲノム由来の「オス脳」の特徴である攻撃性・暴力性を抑えることが可能と私は考えたいのです。そこに人類平和へのヒントがあります（第8章・第9章でも言及します）。

## コラム3　実験動物のマウス

私は、大学の4年生から現在まで約40年間、生命科学研究を行っています。現在も学生と共に研究を行っています。研究対象は、さまざまな系統の脊椎動物で、原始的な顎のない無顎類のヤツメウナギ（食用のウナギとは系統が違います）、真骨魚のメダカ、両生類のツメガエルやヨーロッパトノサマガエル、爬虫類のヒョウモントカゲモドキ、鳥類のニワトリ、そして哺乳類のマウスなどです。これらを用い、遺伝子やゲノムＤＮＡなどの解析から、主に脊椎動物の性決定とそのシステム進化、ゲノム・遺伝子進化、種の進化の研究を行っています（『成長・成熟・性決定』２０１６）。

私は博士課程で実験動物としてマウスを使い始めました。最初、成体オス２匹を同じケージ（飼箱）に入れてしまいました。４日後、餌と水の消費を見に動物室に行ったのですが、ケージにはマウスが１匹しか見当たりません。逃げてしまうことがあるのかな？と思いながら、床替えをしたところ、もう１匹の残骸が見つかりました。１匹のオスがもう１匹のオスを殺したのです。無知は、残虐な結果を導くと痛感しました（論理は飛びますが、この本では、結論として無知が残虐な戦争に関わると主張したいのです）。実験動物に使うマウスは純系の場合、ゲノムDNA情報がほぼ同じなのですが、純系の成熟オス2匹（同じ周齢）が殺し合いをしたのです。その中にはメスはいませんでしたので、メス非介在におけるオスによるオス殺戮です。一方、メス同士が同じケージにいても、殺し合いは起こりません。すなわち、哺乳類ゲノム由来のオス脳に刻まれた［オス―オス闘争］は、メスの奪い合いを超えた、オス同士が闘う〝獣の本能〟由来でもあるのです。

最近、マウスを頻繁に扱う共同研究者に聞いたところ、成熟オス2匹を通常同じケージに入れると、最後まで戦い合うのだそうです。興味深いことに、兄弟として同じ日に生まれたオス同士は、一緒に飼っていれば闘争はしないのですが、一旦違うケージで飼育したあと、元に戻すと、兄弟である認識がなくなるのでしょう、殺戮闘争するのだそうです。コンテキストは異なりますが、人類は、歴史上、親兄弟と認識していても、権力奪取のために〝オス（男）〟同士の殺し合いをしたわけですから、マウス以上の凄さを感じます。**［オス脳ミーム］**という**権力欲**という魔の手にかかって親兄弟を殺戮するのです（後述）。繰り返しますが、重要点は、メスのマウス同士は、殺し合いはしないということです（平和！）。姉妹の認識とか関係ありません。初めて会ったメス同士でも、一緒に飼育したとき、闘争は起こらないのです。

# 第4章

# ［オス脳］はアンドロゲン（雄性／男性ホルモン）によって形成される

動物の場合、行動を指令するのは脳です。脊椎動物の多くのオスで、攻撃性に関わっている主な分子は**アンドロゲン（雄性／男性ホルモン）**です。哺乳類オスの〝攻撃性・暴力性・凶暴性〟をもたらす特徴的な行動（［オス脳］駆動行動）の分子基盤も、アンドロゲンに大きく依存すると考えられています。そこで、第4章では、哺乳類の**［オス脳］**を分子的に解剖していきます。まず、性ホルモンについて概説し、［オス脳］との連関性を示し、その後、ヒトにおける**［ジェンダー・アイデンティティ］**に関して考察していきたいと思います。

## 4-1 エストロゲン（雌性／女性ホルモン）vs アンドロゲン（雄性／男性ホルモン）

生物・医学の関係者でなくても、エストロゲンやアンドロゲンという言葉を聞いたことのある人は少なからずいることでしょう。科学的に解説すると、エストロゲンは、ステロイドホルモンに属する雌性／女性ホルモンの総称で、アンドロゲンは、エストロゲンと同じステロイドホルモンに属する雄性／男性ホルモンの総称です。ちなみに、哺乳類でアンドロゲンとして主に機能するのが、筋肉増強ステロイドとしても有名なテストステロンで、エストロゲンとして主に機能するのがエストラジオールです。エストロゲンは、アンドロゲンを芳香化する酵素のアロマターゼ（エストロゲン合成酵素）によって生成される経路が主流です。言い換えると、女性ホルモンのエストロゲンの多くは、男性ホルモンのアンドロゲンから作られます。

ヒトでは、エストロゲンは、乳腺・腺房の発達、卵巣排卵制御、子宮における受精卵受入準備など、主に女性に関わる生理的現象に機能し、加えてＬＤＬコレステロールの低下、骨量の維持、あるいは神経細胞の保護などさまざまな機能を発揮します。一方、アンドロゲンは、エストロゲン産生のための前駆物質（基質）として重要であるだけでなく、主に男性において、生殖器の形成・発達、声変わり、筋肉増強、体毛増加、薄毛化、そして脳行動に関与します。脳行動と[オス脳]に関しては、あとで詳述します。

## 4-2 哺乳類の性（オス）決定遺伝子*Sry*とアンドロゲンの産生

私の最近20年の主要研究の一つは、脊椎動物の性決定システムと性決定遺伝子の誕生と分子進化の研究です。性決定遺伝子というのは、卵巣か精巣かの二者択一において、どちらかを決定する遺伝子のことで、オスを決定するタイプとメスを決定するタイプの二つに大別されます（ちなみに、私が所属する研究室では、動物界で初めて、メス決定型の性決定遺伝子をツメガエルで発見しました［Yoshimoto et al. 2008］）。獣亜綱哺乳類（後獣類と真獣類）の多くの種では、*Sry*という遺伝子が精巣形成を誘導するトップポジションのオス決定型の性決定遺伝子と考えられています。*Sry*は、獣亜綱哺乳類の祖先で性決定機能に特化した性決定遺伝子として新たに誕生した遺伝子で、*Sry*遺伝子が座位する染色体がY染色体、これとペアだった染色体がX染色体と呼ばれます。現存の獣亜綱哺乳類のY染色体は、X染色体に比べかなり矮小化していますが、*Sry*遺伝子が誕生した当初は、ほぼ同じ大きさの同形の性染色体だったと考えられています。

多くの真獣類の場合、ＸＹ個体では、*Sry*が胎児期の器官形成期に始原生殖巣の体細胞（非生殖系列細胞）で発現して体細胞のオス化を誘導し、精巣が形成されていきます。一方、*Sry*遺伝子が存在しないＸＸ個体では、デフォルトとして卵巣が形成されていきます。重要な点は、精巣形成が誘導されたＸＹ胎児では、精巣のライディッヒ細胞からアンドロゲンが分泌されるということです。

## 4-3　アンドロゲンによるネズミの[オス脳]形成

１９５９年、ネズミ（齧歯）目のモルモットで、出生前のメスの胎児にアンドロゲンを作用させると、行動がオス化するという論文が報告されました（Phenix et al. 1959）。その後、同じネズミ目に属するマウスやラットでも、アンドロゲンが脳のオス化に関わることがわかってきました。例えば、成体オスの精巣を除去するとオス特有の攻撃行動が低下し、そこにアンドロゲンを投与すると攻撃行動が回復します（『脳とホルモンの行動学』２０１０）。妊娠期間（20日ほど）が短いマウスやラットは、出生前後（周産期）が脳の性分化の決定期です。前述したモルモットやヒトなどを含む多くの有胎盤類（真獣類）は、マウスやラットに比べ妊娠期間が長いため、脳の性分化の決定期は胎児期になります（ヒトに関しては、4－5、4－6で詳述します）。

性決定期後、前述したように精巣のライディッヒ細胞からアンドロゲンが分泌され、脳に作用し、オス行動を支配する性中枢がオス化（「オス脳化」）されます。興味深いことに、去勢（精巣除去）されたマウスやラットのオスにエストロゲンを投与すると、オスの攻撃行動がある程度回復することから、アンドロゲンだけでなく、エストロゲンも、攻撃行動の促進に寄与すると考えられています。実際、脳にたどり着いたアンドロゲンは、アンドロゲン受容体と結合して機能するだけでなく、神経細胞内のアロマターゼにより、エストロゲンに変換され、エストロゲン受容体と結合し、オス脳形成に参加するようです（Bowden & Brain 1978; Sato et al. 2004）。アンドロゲンだけでなく女性ホルモンのエストロゲンが、オス脳形成に関与するのは、妊娠期間の短いマウスやラットに特徴的な現象かもしれません。

重要な点は、ほとんどの哺乳類では、胎児期や周産期の精巣のライディッヒ細胞から分泌されるアンドロゲンが脳のオスへの性分化に決定的な機能を果たすということです。言い換えると、［オス脳］の基盤は、**アンドロゲン**が作ります。アンドロゲンが作用しなければメス脳となりますので、哺乳類の脳の**デフォルト**はメスとなります（後述）。

## 4-4 ハイエナとアンドロゲン

第2章で、哺乳類は一般的にオスが大きいと書きましたが、例外があります。ブチハイエナというハイエナです。ハイエナは、形態はイヌに似ていますが、収斂的にイヌのように形態的進化したようで、イヌと同じ食肉目ですが、イヌ亜目ではなく、姉妹群にあたるネコ亜目に属します。現生のハイエナは4種で、ブチハイエナは、その中で一番大きく、さらに哺乳類では珍しいことに、オスよりも、なんと（それほど大きな差はないのですが）メスが大きいのです。そして、メスが群れのリーダーになっています。

興味深いことに、メスにはオスで見られるような外性器様の組織が保持されていて、古代ではブチハイエナは両性具有と信じられていたようです。実際、メスとオスを見分けるのは、体の大きさ以外の外見では難しいようで、子供を産んだあと、乳首が突き出していればメスだとはっきりするそうです。ＸＸ個体の胎児には、卵巣の体細胞の一部オス化に伴うアンドロゲン産生（あるいはプラス、母体の高いアンドロゲン濃度）により、外生殖器だけでなく、脳のオス化も起こるのではないかと考えられています。ブチハイエナの祖先で突然変異により卵巣髄質の体細胞のオス化が起こり、アンドロゲンが産生され、自然選択か遺伝的浮動かはわかりませんが、その突然変異の保持個体が集団内で多くなり、他集団との生殖隔離により、ＸＸ個体で雄性化した集団が種分化した可能性が考えられます。ブチハイエナは、哺乳類に特徴的な［オス―オス闘争］の例外となりますが、アンドロゲンが胎児期に作用すれば、ＸＸメスでも、攻撃性や支配性を特徴とする［オス脳］を持つことを示しています。

## 4-5　哺乳類に特徴的な雌雄差脳構造の性的二型核（sexually dimorphic nucleus）：アンドロゲン→オス型の性的二型核→［オス脳］

アンドロゲンは、哺乳類だけでなく、多くの脊椎動物でも攻撃行動を誘導すると考えられています。しかし、哺乳類の場合は、［オス―オス闘争］を基盤とした性淘汰システムの確立過程で、アンドロゲンを介した攻撃性を特徴付けるような神経回路が増強され、選択され、哺乳類特有の［オス脳形成］が進化的に構築されてきたのではないかと、私は考えています。その仮説を支持する構造が、**性的二型核**という哺乳類に特徴的な雌雄差のある脳構造です。性的二型核は、１９７８年ラットで発見された脳の視床下部の内側の視索前野に形成される細胞集団からなるクラスターで、メスに比べオスで大きいことが特徴です（Gorski et al. 1978）。ヒトでは、女性に比べ男性のほうが体積は約２倍大きく、細胞数も約2倍多いようです（Hofman & Swaab 1989）。オス型の性的二型核は、アンドロゲンによって誘導形成され、［オス脳］の基盤となります。性的二型核の形成は、哺乳類での脳性分化の決定を意味するので、前述したように、妊娠期間の短いマウス・ラットでは周産期、ヒトを含め多くの哺乳類種では胎児期に起こります。

## 4-6 ジェンダー・アイデンティティ

**【胎児期アンドロゲンによる［オス脳化］】**

ヒトにおける性には、大きく**セックス（sex）**と**ジェンダー（gender）**という2つの観点があります。セックスは、4-2で記したY染色体上*Sry*遺伝子の有無や性染色体などによる遺伝的な性あるいは生殖器の形態や性機能といった身体的な性を指します。一方、ジェンダーは心の性（脳の性）を指します。**ジェンダー・アイデンティティ（gender identity：性同一性／性自認）**とは、自身を、女性あるいは男性と感じたいか、あるいは、どちらともいえず定まっていないと感じたいか、など、性の自己認識を指します。ジェンダー・アイデンティティとセックスとの不一致あるいは違和感は、医学的には性同一性障害あるいは性別違和と呼ばれます。**〝性同一性障害〟**と医学的用語でないトランスジェンダー（transgender）とは、同じ意味ではありません。トランスジェンダーには、心と体の性の不一致の違和感がない場合も含まれます。女性とも男性ともいえない自己認識（中性、両性、無性、不定性）の人はXージェンダー（X-gender）、性の自己認識が定まっていない、あるいは意図的に定めない人はクエスチョニング（questioning）といわれています。

さて、レズビアン（lesbian）、ゲイ（gay）、バイセクシュアル（bisexual）、トランスジェンダー（transgender）、そしてクエスチョニング（questioning）を含めて表す言葉のＬＧＢＴＱは、総称して性的少数者（sexual minority）と呼ばれています。**ジェンダー多様性（sexual diversity）**と呼ぶほうが適切ではないかと個人的には思っています。ＬＧＢＴＱに対して、欧米を中心にジェンダー多様性を寛容（tolerance）する法律や政策が承認され、社会的にもジェンダー多様性が認知されてきています。欧米や中南米の多くの国では、法律的に同性婚が認められています。しかし、現在の日本では、パートナーシップ制度は利用できますが、いまだ同性婚は法律的に認められていません（２０２４年時点）。最近の日本の国会議員や官僚の発言を見聞すると、欧米諸国に比べるとジェンダー多様性者に対して、極めて非寛容（intolerance）で保守的であると思われます。日本は、第二次大戦以降、平和憲法を掲げ、戦争に関しては［非オス脳ミーム］的志向ではありますが、政治を含め社会全体に、まだまだ［オス脳ミーム］が蔓延しています（後述）。［ジェンダー平等・多様性寛容］のためには、世界のさまざまな立場や考えの人と交流し、思いを理解することが肝心かと思います。

さて、ジェンダー・アイデンティティ（gender identity）という概念は、いつ登場してきたのでしょうか。この造語は、１９６４年アメリカの精神医学者のロバート・ストーラーによって提案されました（Stoller 1964）。その後、ジェンダー・アイデンティティは、ヒトの発生・成長過程において、いつ、どのように形成されてくるかが議論になりました。心理学、生物学、医学、あるいはジェンダー学という学問分野の観点から、それぞれ主張が異なったようです。アメリカの医学心理学者のジョン・マネーは自身の科学論文などで、〝ジェンダー・アイデンティティの形成は、養育によるもので、遺伝的ではなく、出生後に形成される〟との考えを提案し（Money 1965）、科学界で受け入れられていったようです。しかしその後、出生後まもなく、事故により精巣切除された乳児が女性として育てられたものの、心は男性であったケース（Diamond et al. 1997）、さらに、性ステロイドホルモン酵素の欠損等により、出生時に外性器に男性化が見られず女性として養育された児童の多くが、思春期以降に男性としての生活を望むようになるとの報告（Wilson 1999）から、「ジェンダー・アイデンティティの形成は、出生前の胎児期に形成される」という考えが、医学界等で受け入れられるようになりました。後者の論文の著者の**ジーン・ウィルソン**は、胎児期におけるアンドロゲンが男としてのジェンダー・アイデンティティの形成に機能しているのではないかと主張しました。この主張は、現在において、多くの症例で支持されています。

例えば、精巣女性化症候群といわれるアンドロゲン受容体が働かないアンドロゲン不応症のＸＹ型の人は、*Sry* 遺伝子は正常であるので精巣は形成され、アンドロゲンは分泌されるのですが、アンドロゲン受容体がないため、外性器は女性です。脳も、同様にアンドロゲン受容体がないため、ジェンダー・アイデンティティは女性です（Charmian et al. 1995：有阪治 ２０１８）。また、先天性副腎皮質過形成症の方は多くの場合、副腎の水酸化酵素欠損のため、副腎性アンドロゲンが過剰に分泌され、ＸＸ型の女児は、卵巣を保持しているにもかかわらず、外性器の男性化が観察され、加えてジェンダー・アイデンティティが男性化する場合もあるようです（有阪治 2018）。副腎アンドロゲンが、外性器だけでなく、脳に作用し脳のオス化を誘起していることになります。さまざまな報告や知見等から、ヒトは胎児期の自身の精巣から分泌されるアンドロゲン量が閾《いき》値に達し、オス型の性的二型核が形成されれば、胎児期に「オス脳」がほぼ決定されるのではないかと考えられます。すなわち、胎児期に、ジェンダー・アイデンティティの大枠が決まると考えられます。一方、出生後の乳児期のある時期、精巣からアンドロゲン分泌が盛んになることがあり、これが「オス脳」の基盤形成をサポートしている可能性も考えられています。

### 【思春期アンドロゲンによる「オス脳」の確立】

男性は、思春期になると、アンドロゲンの分泌が急激に増加します。これは、男性の第二次性徴（男性器発達、性的成熟、筋肉増加、骨密度増加、声変わり、体毛成長など）だけでなく、「オス脳」としての特徴である異性に対する欲望（性欲）や攻撃性の増大に寄与します（Morishita et al. 2023）。すなわち、思春期におけるアンドロゲンが、「オス脳」

の確立・助長・発達を促進します。加えて［オス脳］の強弱には、社会環境が影響してくる可能性も考えられます。

## 4-7　脳のデフォルト（基本型）の性と［オス脳］のまとめ

多くの哺乳類は、胎児期、アンドロゲンによってオス型の**性的二型核**が形成され、［オス脳］の神経基盤となります。内分泌学的あるいは神経構造的に、脳のデフォルトの性はメスになります（多くの哺乳類は、XX／XY型の性決定システムを採用しており、生殖巣の性のデフォルトも遺伝学的にメスになります）。

今一度、［オス脳］という言葉を定義してみたいと思います。**［オス脳］**とは、多くの脊椎動物で、アンドロゲンによって誘導される主にオス特有の行動を指示する脳のことです。そして、［オス脳］は、メスに対する**性的志向（sex orientation）**を支持する脳です。

哺乳類の多くは、系統、種、あるいは集団によって程度は異なりますが、［オス―オス闘争］の性淘汰環境の中で、**攻撃性・暴力性**が［オス脳］の特徴となっています。メス非存在下でも、［オス脳］由来の攻撃性・暴力性が本能として現れる種もいます。

社会性を持つ種の中には、［オス脳］は支配行動を志向する脳に発展することがあります。［オス脳］由来の**支配志向**が社会集団で伝達されていくのであれば、それが**［オス脳ミーム］**となります（6－2参照）。

ヒトにおいては、［オス脳］は性的志向とジェンダー・アイデンティティに影響を与えます。ただ、アンドロゲンによる［オス脳］の形成が、どの程度、ジェンダー・アイデンティティに影響を与えるかは、個人によって多様です。それぞれ個人の胎児期や乳児期でのアンドロゲンの分泌の時期や期間、量や遺伝的背景、あるいは思春期までの家族内環境を含む社会的な環境が、少なからずジェンダー・アイデンティティに影響を及ぼすと思われます。今後のさらなる研究調査が必要です。一方、XXの胎児は、Y染色体上の*Sry*がないため、卵巣が形成され、**［メス脳］**が形成されます。メス脳はデフォルトであるゆえ、ヒトのXXの方でも、先天性副腎皮質過形成症などで、アンドロゲンが脳に影響を与えれば、［オス脳化］を受けることになります。

## コラム4　脊椎動物の性決定（卵巣or精巣形成）とエストロゲン・アンドロゲン

脊椎動物進化におけるエストロゲンとアンドロゲンの機能を考察します。とても興味深いことに、ヒトとは異なり、一般的に脊椎動物では、エストロゲンとアンドロゲンは、性決定（雌雄決定：卵巣形成するか精巣形成するかの決定）直後から初期の卵巣・精巣形成に重要な機能を果たします。メカニズムとしては、エストロゲンはエストロゲン受容体、アンドロゲンはアンドロゲン受容体にそれぞれ結合し、卵巣あるいは精巣形成遺伝子の発現制御などに直接関与します。実験的には、魚類、両生類、爬虫類、有袋類では、卵巣にも精巣にも分化可能な時期（性ホルモン感受性期）に、エストロゲン処理で卵巣化（遺伝的オスのメスへの性転換）、あるいはアンドロゲン処理で精巣化（遺伝的メスのオスへの性転換）するという例が知られています（『成長・成熟・性決定』２０１６）。すなわち、脊椎動物の基盤の性決定カスケードに、エストロゲンあるいはアンドロゲンを介した遺伝子発現システムがあるのです。

それがなんと、私には極めて進化的に面白いことなのですが、後獣類（有袋類）に比べ機能性の高い胎盤を持つ哺乳類の真獣類（有胎盤類）では、エストロゲンは、卵巣の初期形成に関与しません。これは、胎盤を獲得した真獣類が、従来の性決定・性分化システムの上にエストロゲンに脱感作あるいは抗エストロゲンの新たな性決定システムを構築したからだと、私は考えています。その新システムの構築に伴い、真獣類では、エストロゲンだけでなく、アンドロゲンも初期の精巣形成には関与しなくなったようです。一方、アンドロゲンはオスの外性器の形成には関与し、前述したように、［オス脳］の構築に直接関与します。

# 第5章

## ［残存オス脳（residual male brain）］
## 〜非・低アンドロゲン下でも
## ［オス脳］は維持される

ヒト男性の場合、思春期以降のアンドロゲン（テストステロン）の分泌量は安定していますが、中年期から老年期にかけて、（個人差はかなりあるようですが）分泌量は徐々に低下していきます。**非・低アンドロゲン**下では、［オス脳］の特徴は消失・減少するのではないかと推測されますが、場合によっては維持されるようです。

## 5-1 アンドロゲンと性犯罪および去勢 ～去勢された男性の行動

**性犯罪**は常習性の高い犯罪で、犯罪者の多くは男性であり、そして、暴力を伴うことがしばしばです。このことから、読者の皆さんには、多くの性犯罪が、攻撃的で暴力的な**［オス脳］**由来の行動であると推察してもらえるかと思います。

歴史的には、古代から近代まで、ヨーロッパを含むさまざまな地域で、性犯罪を犯した男性に対して物理的な**去勢**（精巣の摘出）が、刑罰として実施されてきたようです。

去勢された男性には、アンドロゲンの劇的な減少がもたらされます。アンドロゲンは副腎でも生産されますが、圧倒的に精巣由来が多いのです。物理的去勢は、再発防止に完全な策ではないのですが、効果があったようで、さまざまな国で行使されてきました。しかし、人権を侵害する残酷な処置でありますので、現代では、化学的な去勢として**抗アンドロゲン薬**の投与が行われています。スカンジナビア地域での調査では、抗アンドロゲン薬の投与を受けた性犯罪者の再犯率が５％程度であるのに対して、投与を受けていない人の再犯率は40％であったそうです。日本では、性犯罪常習者が、何年か抗アンドロゲン薬を継続して飲み続けると、再犯が少なくなるようです。ここでの重要点は２つあります。１つ目は、物理的および化学的な去勢に再犯防止の効果があることから、男性の性犯罪にアンドロゲンが大きく関わっている、ということ。２つ目は、去勢しても性犯罪の再犯が少なからずあることから、非あるいは低アンドロゲン下でもすべての性犯罪を防止できない、ということです。

## 5－2 ［残存オス脳］

では、去勢が男性の性犯罪の再犯防止に不完全な策であるのは、どうしてなのでしょうか？ いくつかの可能性が考えられますが、私は、扁桃体を含む大脳や海馬など、オス脳によって構築されてきた神経回路ネットワーク（記憶）が、残存しているからではないか、と考えています。そこで、本言説では、非・低アンドロゲン下でのオス脳を、**［残存オス脳（residual male brain）］**（造語）ということを提案します。アンドロゲンにより胎児期に決定され、その後に構築されてきた［オス脳］は、思春期、成人期あるいは老年期のそれぞれの時期で神経回路ネットワーク（記憶）が重層的に構築され、発展増強されてきたので、アンドロゲン非・低存在下でも、オス脳は残存（［残存オス脳］）するという考えです。さらに、［残存オス脳］を介した性犯罪には、［オス脳ミーム］社会が背景にある可能性が考えられます。

## コラム5　宦官《かんがん》と[残存オス脳]

[オス脳記憶]による[残存オス脳]という考えは、前述の去勢後の性犯罪の知見以外に、以下の事例からも可能性があると考えています。1つは宦官の事例です。日本には宦官的な歴史はなかったようですが、歴史的には、中国およびその周りの諸国、あるいはイスラム、ヨーロッパなどさまざまな地域で去勢された官吏がいました。興味深いことに、去勢しているにもかかわらず、宦官の中には性欲が残っている者がおり、女官との不義がたびたび起こって問題になったようです。また、[オス脳ミーム]に特徴的な**権力**(**権威**)**欲**や**支配欲**が旺盛な人も多かったようです。このことから、宦官は、[残存オス脳]を持ち、ジェンダー・アイデンティティが男性である者が多かったと思われます。

2つ目は、ヒト以外の哺乳類の例です。去勢したネコ、イヌ、あるいはウサギでは、多くはオスとしての性行動がなくなりますが、少なからず残るものもいます。個体によっては、攻撃性が復活することもあるようです。その要因も、さまざまな可能性が考えられますが、主因は、[残存オス脳] によると私は考えています。

# 第6章

## [オス脳ミーム(male brain meme)]
## ~オス脳を基盤とした社会に継承されてきた男優位の社会脳

現在でも世界の多くの集団で受け継がれている［オス脳ミーム］ですが、歴史的には、人類のすべての集団で継承されてきたわけではありません。女性が政治的権力を持つタイプの母系社会では、［オス脳ミーム］は発生しなかった、あるいは継承されなかったと考えられます。現在は、ジェンダー平等の思想と認知が少しずつ世界に広がりつつあり、家族単位では核家族化とともに薄れ出している地域はあるものの（実際、大学の学生と会話すると、年々ジェンダー平等的な感覚の人が増えてきたと感じます）、いまだ、ほとんどの国々の中の一般社会集団では、政治界・経済界を筆頭に、［オス脳ミーム］が受け継がれているのが現実であると感じます。

## 6-1 ［オス脳ミーム］の原型は？

一般的にミームは人類をベースにした概念であるのですが、社会性があり、次世代へ脳行動が継続可能な種であれば、人類以外でも［オス脳ミーム］の原型は存在するかもしれません。例えば、ハーレムです。ハーレムという社会経験をせずに育ったライオンあるいはトドの子供が成長した場合、オスはハーレムを積極的に作ろうとはしないのではないかと私は考えます（検証が必要です）。ハーレム形成には［オス脳］由来の本能プラス、社会経験が必要なのではないかと考えるからです。［オス脳ミーム］の原型は、社会的学習（社会経験）による［オス脳］由来の支配志向の集団的継承（**［オス脳］の社会継承**）と考えることができます。社会性を持った哺乳類種のある集団で、収斂的に起きてきたかもしれません。

人類の［オス脳ミーム］の原型は、3－2で記した、戦争の起源とも考えられる複数男性による**［協力的攻撃・暴力システム］**にあるのではないかと、私は考えています。すなわち、**［オス脳ミーム］**こそ、人類の戦争の基盤であると考えることができます。

## 6-2　人類における［オス脳ミーム］の誕生と発展
## ～支配欲・権力欲

［オス脳ミーム］の原型を持っていた人類は、狩猟時代、すでにいくつかの集団では、［オス脳ミーム］が確立していたかもしれません。言語を持ち、社会性を持った人類の祖先は、狩猟・採集などの衣食住において、共同作業を行っていたことでしょう。腕力があり、攻撃性・暴力性を特徴とする［オス脳］を持った複数の成人男性は、狩猟や集団間の争いの中で、集団内で指導的役割を果たしたことでしょう。そして、力を基盤とした〝**支配・権力**〟の意識が次の世代に継承されていったと考えられます（7-1詳述）。農耕・牧畜社会への移行に伴い、〝**富**〟という概念が顕在化し、集団内だけでなく、集団間での〝支配・権力〟の意識が高まります。富の強奪を武力で行い、集団の権力者（豪族、王）となっていったのです。少なからずの集団で、［オス脳ミーム］が浸透、発展、継承されていったと考えられます（7-2詳述）。

20世紀後半から、ジェンダー平等という認識が世界に広まってきましたが、古今の多くの集団や多くの国で、［オス脳ミーム］は当然のこととして無意識にミームとして受け継がれてきたように思います。立場の弱い女性が、弱いことが自然のことであると受け入れてしまう社会、これが［オス脳ミーム］が蔓延する社会です。［オス脳ミーム］は、小集団から大集団に至るまで、まだまだ世界の至るところに蔓延っています。

## 6－3 家父長制（patriarchy）～典型的な［オス脳ミーム］産物

**家父長制**は、父親や男性の権威を象徴する家族構造あるいは社会構造で、多くは男尊女卑を基盤とした、男性による女性・子供の支配構造です。家父長制こそ、［オス脳ミーム］の典型的な産物と考えてよいかと思います。家父長制は、古代から現代まで、一部の母系社会を除き、世界各地の異なる文化を持つさまざまな地域におけるほとんどの社会的、政治的、経済的組織で見られており、その歴史的継承と維持は、まさに［オス脳ミーム］によるものです。

さまざまな国で、家父長制を支持する法律も存在していたわけですが、近代の女性解放運動や現代のジェンダー平等思想により、現在ではそのような法律はなくなってきました。しかし、その男尊女卑的精神は、いまだ根強くさまざまな地域や組織で残っていると思います。あり得ないだろうと思うことの例を挙げると、女性は穢らわしいので神聖な場所（寺院、神殿、礼拝堂や、土俵、酒蔵など）に入れてはいけないという慣例が、現在でも残っているところがあるのです。

## 6-4 「オス脳ミーム」における美徳：自己犠牲的な自己集団への愛

20世紀までは、男は、自身の家族を守る、そして自身の所属集団を守る、という感覚を持っている男性が多かったように思います。まさに、社会に受け継がれた**「オス脳ミーム」の影響**と思われます。最近は、「核家族化」や「ジェンダー平等」認識の広まりを含む社会変化により、多少、少なくなってきたかもしれませんが、依然、女性に比べ多いと感じます。男性は女性・子供を守るべき、という感覚はどこから来たのでしょうか？　これは、ハーレムのオスが、［オス脳］により、ハーレム内のメスや自身の子供を守る行動に類似しているかと思います。〝支配と守ること（**支配と愛**）〟は実は表裏一体です。家族だけでなく、所属する身近な集団から、さらには所属国家を守ろうとする気持ち。利他的な美しき愛です。この〝**自己犠牲的な自己集団への愛**〟は、通常敵対する相手側への愛はありませんが、［オス脳ミーム］の美徳的な面を感じます。７－６および７－７で戦争との関連で詳述します。

## コラム６　なぜ［オス脳ミーム］は世界に蔓延してきたか？　そして維持されてきたか？

人類の歴史において、特に母系社会では、［オス脳ミーム］を持たなかった集団があったと考えられます。気候が年中温暖で豊かな土地では、争うことが少なく、母系社会ができやすかったのではないかと思われます。しかし、文化の縦断・横断とともに、世界から母系社会はなくなっていきます。日本では、平安時代は母系社会的であったようです。これが女性文学の花が開いた要因の一つであるかもしれません。しかし、平安時代でさえ、権力の多くは男が握っていたようで、男性優位社会であったと考えられます。さらに、貴族社会から武家社会への遷移に伴い、紛争や戦争で強い者が生き残る、すなわち、「オス脳ミーム」強力集団が国を治めていくことになります。

世界も同様です。攻撃性・暴力性が強く、支配欲も強く、かつ頭脳も優れた武力の強い集団が生き残り、国を治めていくわけですから、此処彼処に「オス脳ミーム」集団が蔓延していくことになります。そして、支配と権力を自分のものにした統治者は、それを維持あるいは拡大しようとするのです。侵略戦争です。厄介な「オス脳ミーム」由来の産物なのです。

# 第7章

## ［オス脳ミーム］を介した
## 人類社会の殺人・殺戮・戦争

本章では、人類祖先から現代人に至るまでの歴史において、［オス脳ミーム］と殺人、紛争、戦争との関連性を考察していきたいと思います。

## 7-1 狩猟時代の［原始的オス脳ミーム］
### ～ホモ・サピエンス・サピエンスとネアンデルタール人の死闘

第3章で記述したヒトとチンパンジーに共通の同じ種の他集団を襲う［**協力的攻撃・暴力システム**］は、人類ホモ・サピエンス・サピエンス（*Homo sapiens sapiens*）より先にアフリカから出た亜種のネアンデルタール人（ホモ・サピエンス・ネアンデルタール：*Homo sapiens neanderthalensis*）も保持していたと考えられます。

ネアンデルタール人は、人類と同様に、火を使い、言語を使い、道具を作り、住まいを築き、死者を埋葬し、アートを創造して楽しむという文化を創出していたようです。しかし、文化を共有、享受するだけでなく、前述したように、両者ともに同種の他集団を排除するための［協力的攻撃・暴力システム］を持っていたようです。狩猟の道具を作り、これを使い、シカ・ヘラジカ・サイ・マンモスなどを倒しただけでなく、武器として同種間の暴力闘争に使ったのです。初期の武器は棍棒や石で、これらは原始的でありますが、強力であり殺戮は容易であったと考えられます。先史時代のネアンデルタール人の頭蓋骨にもホモ・サピエンス・サピエンスの頭蓋骨にも、棍棒の一撃と考えられる外傷が見られます。ネアンデルタール人の絶滅の直接の原因が約10万年間にもわたるホモ・サピエンスの亜種間の殺戮を伴う闘争（死闘）かどうかはわかりませんが、私が強調したいのは、この［協力的攻撃・暴力システム］が、ネアンデルタール人の集団間あるいはホモ・サピエンス・サピエンスの集団間でも行われてきたと考えられるということです。これは、武器による同種間の死闘、すなわち、戦争の原型です。

さて、狩猟時代には、道具と知恵を駆使して、集団内の複数の成人男性が中心となって協力し、獲物を獲得してきたことと思います。それは、成人男性が、体が大きく、筋力があるだけでなく、［オス脳］の特徴の攻撃性・暴力性・闘争志向を持っていたためで、マンモスのような大きな獲物にも立ち向かえたことでしょう。さらに、集団間の闘争も、［オス脳］由来の［協力的攻撃・暴力システム］を持つ複数の成人男性が担っていたことでしょう。このような状況下、少なからずの集団で、**男性優位社会**が形成され、文化的に継続されてきた、すなわち、**［原始的オス脳ミーム］**が誕生していたと考えることができます。狩猟時代に形成された［原始的オス脳ミーム］を背景に、**支配・権力**のための**戦争（集団間死闘）**が始まったと考えられます。

## 7－2　農耕・牧畜を手にした人類の［オス脳ミーム］による暴力的殺戮史 ～支配欲と権力欲による殺戮史の始まり

人類の狩猟採集社会は、何百万年も続きました。狩猟社会を変えたのは、人類史に大きな革命となった**農耕・牧畜**です。紀元前1万年ほど前の西アジアで、発生・発展したのではないかといわれています。その後、農耕・牧畜への移行が世界各地で進んでいきます。

この文化の獲得により、人類社会は大進化を遂げていきます。食料の生産と貯蔵が社会構造を変えていきます。資源を管理する必要が生じ、これが集団内部での階層制や権力構造の発展に繋がっていきました。

すなわち、〝**権力と支配**〟が顕在化していきます。コラム6で記したように、集団間での争いが少ない豊かな土地では、母系的な社会構造に発展した集団もあったかもしれません。しかし、多くの集団では、争い事を介して、心身ともに攻撃力が強く、権力欲や支配欲の強い男性の一部が権力を持つようになったことでしょう。集団内だけでなく、集団間でも支配や権力を巡って争いが勃発し、他集団を圧する男性主導の暴力的殺戮が行われ、次第に、武力の強い集団がその一帯を支配していきます。このようにして、狩猟時代の原始的な「オス脳ミーム」は、農耕・牧畜により、確立・発展し、人類社会に拡大し、次世代へと受け継がれていったと考えられます。

## 7-3 人類史における男性間の血縁関係における殺害(兄弟・親子・伯父/叔父―甥)
## 〜「オス脳ミーム」(権力)の魔力

3-1で、哺乳類で見られる子殺しについて記述しました。チンパンジーやライオンは子殺しと言いながらも、自分の子を殺すわけではありません。人類はどうでしょうか?人類は、なんと、血縁関係(正確に言えば、ゲノムDNAの一部共有関係)において、親による自身の子殺しだけでなく、子が親を殺すことや、兄弟姉妹間の殺し合いが古代から現代まで見られます。特に、歴史上、権力に関わる場合は、男親―子（男）間、兄弟間、伯父／叔父―甥間の殺し合いがよく見られるのです。ここには、血縁関係だからこその、獣とは異なる［オス脳ミーム］による**権力欲**が関わります。血縁間の権力争いにおける殺し合いは、権力者の家系で古今さまざまなところでよく見られてきたことです。

**【日本の歴史】**

日本の歴史でまずその例を見てみましょう。平安時代末期、崇徳上皇と後白河天皇という兄弟間で争われた保元の乱（1156年）では、源氏間、あるいは平氏間で戦ったわけですが、後白河天皇の勝利に際し、平清盛は叔父の忠正を、源義朝は延命を懇願する父の源為義と5人の弟を、斬首したといわれています。高校時代、歴史でこのことを教科書で見たとき、あり得ない、なぜ?と思ったことを覚えています。このあとも源氏の血縁の争いは続きます。義朝の子供、頼朝、範頼、義経の場合、頼朝の意向で範頼、義経は従兄弟の義仲を討ち、その後、頼朝によって義経は陸奥奥州で討たれ、範頼は鎌倉時代に流刑となり、後に殺されます。鎌倉時代に入り、三代目将軍、源実朝は甥の公暁に暗殺されます。戦国時代、織田信長は弟の信行を討ち、信長の舅の斎藤道三は息子の義龍に討たれます。また、戦国武将で言えば、親殺しでは伊達政宗、子殺しでは武田信玄、徳川家康が有名です。

【世界の歴史】

ローマ帝国ではカラカラ帝が弟のゲタ帝を、あるいは、中国史上の名君の一人と称えられた唐朝の第2代皇帝の太宗は皇太子である兄の李建成と弟の元吉を、そして、イングランドのヨーク朝ではリチャード3世が甥のエドワード5世を、殺害したようです。また、オスマン帝国では、皇帝の座を巡り、兄弟殺しはよくあったようです。信じられないことですが、メフメト2世は〝秩序のために兄弟の処刑は許される〟という法令を作ったようです。女性では、かの有名なクレオパトラ7世です。ギリシャのカエサル（シーザー）と手を組み、弟であり、夫であるプトレマイオス13世を殺したようです。ただ、自らは直接手を下さずに暗殺したと思われます。クレオパトラは女性ですが、男優位社会の中で権力を維持するために、［オス脳ミーム］由来の権力という魔力に魅せられたのかもしれません。ちなみに、カエサルは〝ブルータス、お前もか〟で知られるように、腹心の部下の男に暗殺されたようです。

まとめると、日本だけでなく世界中で、歴史上で起きてきた父―息子、兄弟、伯父／叔父―甥間の殺傷の多くは、**権力欲**が関わっていると考えることができます。史実に現れているものはほとんど権力者関係に限られますが、歴史に残らなかった血縁間における殺傷の多くも、血縁集団内の〝男性間の権力闘争〟が関わっていたかもしれません。父―息子間、兄弟間の殺害は、ある意味、獣よりも残虐です。マウスは兄弟でも一旦兄弟の認識がなくなると、殺し合いをすると前述しましたが、人間は、権力が絡むと、逆に親子や兄弟の認識があるからこそ、殺し合いをするかのようです。これが、獣とは違う人類の特徴の一つです。暴力性の［オス脳］に加え、人類特有の［オス脳ミーム］由来の残虐性が加わるのです。

## 【現代の殺人を含む暴力的凶悪犯罪】

殺人者は、戦争を含めると圧倒的に男性が多いのですが、犯罪として罰せられる殺人に関してはどうでしょうか？ ２０２０年の日本における殺人事件の犯人は、約４分の３が男性だそうです（令和5年版　犯罪白書）。暴力を基盤とした傷害、暴行、強盗犯に関しては、さらに男性の割合が多くなり、女性は1割程度だそうです。女性による殺人犯罪では、直接の暴力ではなく、薬あるいは男性への依頼などの間接的な殺人が、男性に比べ多いようです。世界での暴力的凶悪犯罪に関しては、正確に調べられなかったのですが、男性が圧倒的に多いように感じます。例えば、銃社会のアメリカ合衆国における今までの銃乱射犯は、9割以上が男性だそうです。

性犯罪に関しては第5章で記しましたが、性に関連したところでは、年々ストーカー事件が日本だけでなく欧米でも多くなっています。ストーカー殺人については、統計学的に調べられなかったのですが、殺人を行う犯罪者の大多数は男性だそうです。

## 7-4　人類社会構造の最小単位〝家族〟における家庭内暴力

現在、家族内で大きな問題となっているのが、家族（家庭）内暴力です。その暴力者には、［オス脳］を持ち、［オス脳ミーム］支配下にある父親を含む男性が多いように感じます。しかし、暴力の程度は男性に比べ小さい傾向はあるものの、母親を含む女性が、暴力を振るうことがあります。他の国々についてはわかりませんが、日本においては、〝親が子供に暴力を振るうことは、教育の一環として必要なことである〟という考えが最近まであったかと思います。そういう背景から、［オス脳］を持っていない女性である母親も、子供に暴力を振るってしまうケースもあるかもしれません。あるいは、最近の子供への暴力的虐待のニュースを見聞していると、女性は、夫である男性の［オス脳ミーム］基盤のモラルハラスメントを受けているケースもあるようです。

日本では、現在、前述の〝教育の一環として子に暴力を振るってもよい〟という古き考えを支持する人は少数派となってきています。興味深いことに、先進国の中では女性の社会進出が少なく、ジェンダー平等性の意識が低い日本でも、家族レベルでの［オス脳ミーム］の脱構築が進んできています。前述したように、特に都会に住み、共働きをする核家族においては、家庭内における**［オス脳ミーム］の脱構築**は、他の社会集団に比べ、着実に浸透し始めていると感じます。しかし、子供への暴力的虐待は、世界も日本も少なくなりません。［オス脳ミーム］を脱構築した家族が増える一方で、逆に、そうでない家族に暴力性が増してきた感じがします。WHOによれば、世界で毎年、15歳以下の児童約4万人が自宅で殺されているとのことです。多くは男性が主犯です。そして、家族内において、血縁関係のある子供だけでなく、血縁関係のない子供に対しても、ライオンやチンパンジーと同様に、暴力を行使しているようです。そしてそれを繰り返します。人類とは、なんとおぞましき動物でしょう。

## 7-5　戦争の共通基盤である［オス脳ミーム］

**【戦争とは？】**

戦争は、人類の集団間における殺戮道具を使った殺戮闘争です。人類は有史以来、数え切れないほどの戦争を行ってきました。歴史の教科書の骨格は、戦争と戦争後の為政者の記述です。人口が増え、集団数が増えるほど、戦争は増えます。近代になると、戦車、軍艦、戦闘機などを使って、**爆撃**や**銃撃**などによる**大量殺戮**が行われてきました。20世紀後半からは、**ミサイル**による遠隔地からの攻撃が行われるようになり、さらに21世紀には、

**無人戦闘攻撃機**が実用化され、**情報戦**も加わり、より高度化、複雑化、あるいは一部は**ゲーム的無機質化**の様相を呈しています。現在まで、核兵器は、広島、長崎以外では、使われていないのですが、非常な戦時下、今後、核兵器が使われる可能性はゼロではありません。

グローバル化してきた21世紀世界において、いまだ非人道的な戦争や紛争が起こっています。そして、減る気配がありません。21世紀、侵略戦争（侵攻）、集団間の紛争、内乱・反乱を含めた戦争や紛争は、ロシアのウクライナ侵攻やパレスチナ－イスラエル紛争を含め約30もあります。そして、悲惨なことに、その約半分ほどはまだ終わりが見えません。

さて、戦争・紛争の原因あるいは要因はいろいろ考えられています。国、人種（race）、領土、イデオロギー、宗教、民族、貧富、食糧、エネルギー、経済など、多様です。それらの状況は、時代とともに変化しますが、人類は、有史以前から変わらず、戦争を行ってきたのです。そして、その首謀者は男性が圧倒的に多いのです。何回も記述しているように、私は、戦争の根底にある戦争要因の共通性、それを、本能的な攻撃性・暴力性の［**オス脳**］を基盤とした［**オス脳ミーム**］由来の**支配欲・権力欲**と考えます。戦争において、侵攻する側は、「オス脳ミーム」を裏に隠し、あるいは意識せず、〝自分が属する集団の善〟を大義名分とし、戦争を行使していきます。利己的と考えてよいでしょう。

ほとんどの戦争は、首謀者だけでなく、実働する兵隊も男主導です。戦争に行くのは嫌いであるにもかかわらず、社会的に行かざるを得ない状況下で、仕方なく参戦する男性も多かったことでしょう。あるいは、仕方なくではなく、自集団のために、国のために、武功や出世のために、戦場に向かった男性も少なくないことと思います。後者は、少なからず、「オス脳ミーム」の影響を受けた男性と考えられます。

さて、戦争の首謀者が女性の場合は少ないのですが、それらの多くが、好戦的な「オス脳ミーム」が蔓延する政治舞台上で、立場上、戦争行使を避けられない状況にあった女性が多かったのではないかと推察します。

**【戦争は女性に似合わない】**

権力が絡むと、女性も殺人に関わることが史実で書かれています。7－3で記したように、女性は、男性のような直接的な暴力的殺人に対し、味方の男性を利用する、あるいは薬を使うというような間接的な殺人を行う傾向があります。間接的であるのは、女性が体格的に男性にかなわないという面もありますが、脳が［オス脳ミーム］の影響を強く受けていたとしても、暴力的な［オス脳］を直接持っていないからとも考えられます。

女性が戦場に行った例もあります。例えば、第二次世界大戦における独ソ戦でのロシア系の女性の参戦です。これはスターリンによる強い指導力のもと、ソ連側が侵攻側ではなかったという背景があります。ウクライナ人の母とベラルーシ人の父から生まれた**スヴェトラーナ・アレクシエーヴィッチ**（２０１５年ノーベル文学賞受賞者）は、このソ連の第二次大戦に参加した女性の聞き取り調査を元にして、『戦争は女の顔をしていない』というタイトルのノンフィクションを書きました（アレクシエーヴィッチ　１９８５年）。本は完成していたのですが、ソ連では2年間出版を許可されず、**ミハイル・ゴルバチョフ**（８‐３に後述）によって推進された**グラスノスチ**（情報公開：言論・報道の自由）に伴い、１９８５年にようやく出版されたようです。〝戦争は女の顔をしていない〟というタイトルは、［オス脳］の特徴である攻撃性・暴力性の極みともいえる殺戮を行う戦争の現場である戦場は、女性に似合わないことを感覚的、そして本能的に表現していると感じます。すなわち、［オス脳ミーム］社会環境下で育った女性でも、平和的な女性脳を持ったため、生理的に戦争は合わないことを暗示しています。

## 【負のスパイラル：報復と復讐】

戦争や紛争における〝負のスパイラル（負の連鎖）〟は、ほぼ同じ地域で繰り返される戦争や紛争の最大の要因と思われます。報復・復讐に至る行為の根底には、多くの人の抑え切れない怒りがあります。愛する人が殺されたことに対する怒りは、ジェンダーとは関係なく、人としての共通感情です。

２０２３年10月７日にハマースによるイスラエルへの攻撃によって勃発したパレスチナ・イスラエル紛争は、古代から現代まで続く〝負のスパイラル〟の典型的な例です。20世紀に起きた４度の中東戦争、さらにオスロ合意以降、現在に至るまで繰り返されるパレスチナ側のテロ行為とイスラエル側の報復爆撃、いたたまれません。宗教、民族、資源、諸外国の思惑、そして当事者たちの敵に対する心の負のスパイラルが、解決困難な状況を作っています。多くの泥沼化した戦争は、〝負のスパイラル〟が要因となっているかと思います。

**ジェノサイド(genocide)**は、ナチスによるユダヤ人などに対するホロコーストや広島・長崎への原爆投下など、国家、人種(race)、民族、宗教の集団を破壊する意図をもって行われる集団殺害行為で、大量殺戮を伴うことが多々あります。負のスパイラルが要因となったことも多く、前述したイスラエル軍によるガザ地区での現在も続く軍事行動では、何万人ものパレスチナの人々が殺戮されています。アメリカ各地での学生デモを発端に、この愚かな大量殺戮という行為が止まることを願うばかりです。ルワンダのジェノサイドでは、1994年の4月6日から約100日間で100万人ともいわれる大量殺戮が行われてしまいましたが、ここには、植民地化などを含めたさまざまな歴史的要因が、民族紛争という負のスパイラルを生み出し、1994年に悲劇が起こったと考えることができます。支配という名の[オス脳ミーム]の影響が、当事者だけでなく、かつて支配していた側にも垣間見られます。

このセクション7-5では、[オス脳ミーム]は戦争の共通基盤であると主張してきましたが、〝負のスパイラル〟を基盤とした戦争・紛争には、[オス脳ミーム]の直接の影響は少ないと感じる方もいるかもしれません。泥沼化した戦争では、性別問わず精神が疲弊していきます。心に痛みを受ける人、報復する気持ちの強い人、これらの心に、ジェンダーは関係ないと思われますが、戦闘の強硬派や実行者には、男性が多いのです。

## 7-6 戦争と自己犠牲・自己集団愛 ～共同幻想

人類は、愛する人や家族だけでなく、所属する集団（学校、地域、会社、国など）、人類、さらに人類以外の生物（生きとし生けるもの）、あるいは地球を含め、具体的なものから抽象的なものまで、さまざまなものを〝**愛**〟の対象とします。〝愛〟は人類が持つ素晴らしきものです。しかし、人類以外の哺乳類にも愛は見られます。オスは同種間で殺し合いをすることもありますが、他種に対して、同種間で助け合うこともあります。さらに、メスは自身の子供を育て、守るために、自己犠牲することがあります。オスも子供を守る種もいますが、メスのほうが一般的にその傾向がより強い種が多いと思われます。

さて、6-4で記したように、この**自己犠牲愛**は、女性と男性で若干様相が異なります。

家族への自己犠牲愛は、両者ともに重く存在しているのですが、男性は、［オス脳ミーム］の影響で、自己が所属する集団への愛（**自己集団愛**）が、女性やジェンダー多様性の方よりも相対的により強い傾向があると思われます。それは［オス脳ミーム］に［オス脳］直系の集団支配欲の裏返しとも言える**集団防御欲**があるからと私は考えます。この自己集団愛由来の自己犠牲愛は、攻撃・暴力を是とします。集団内の〝みんな〟のために自己犠牲することは美しいのです。美徳です。ただ、〝みんな〟というのは、所属集団（あるいは所属国家）であり、戦争の場合、当然ながら、その戦争相手の集団は〝みんな〟には含まれません。

重要なことは、集団は、大きくなればなるほど、メンバー一人一人の考えが把握できない、実体がよくわからない、象徴的あるいは抽象的なものとなっていく傾向があることです。自身の愛する集団は、実は〝**幻想**〟なのかもしれないと感じる人も少なからずいるかもしれません。思想家の吉本隆明は、１９６８年、著書『共同幻想論』で、〝**国家とは共同の幻想である**〟と書いています。もちろんこれは、国家に対する一つの見解に過ぎませんが、国家に限らず、ある集団を〝**共同幻想**〟的観点で捉えることは、重要な認識の一つだと思います。興味深い点は、自己集団愛という観点で考えると、［オス脳ミーム］と

〝共同幻想〟には共通性があることです。

## 7-7 善vs悪（善を握りしめると争いが生じる！）～戦争は〝圧倒的な悪〟である

西洋哲学における〝**善**〟は、社会的、倫理的な規範の基盤であり、相対的ではない絶対的な良さを示す概念であるようです。しかし実際の〝善〟は、集団（国家など）や宗教によって相違がありますし、時代によっても変わります。戦争に関しては、紀元前500年ほど前の中国の春秋時代の孫武が主として書いた兵法書『孫子』の中で、戦争は策略と計略によって勝つものであり、戦わずして勝つが最良であるとしています。善悪よりも、効率という観点からの論説です。一方、紀元前400年ほど前に、ギリシャの哲学者のプラトンは、〝**正義の戦争**〟の概念を提唱し、敵に対する復讐よりも、自分たちの正義を守るための戦争を正当とする戦争論を提唱したようです。初期のキリスト教は非暴力的思考であったのに対し、この〝正義の戦争〟の概念は、ローマ帝国末期の神学者アウグスティヌスによって引き継がれ、**戦争の正当化**に結び付いてきたと考えられます。近代の戦争の**大義名分**の考え方の基盤になったといえるでしょう。

実際は、〝善〟は相対的であり、多様です。紛争・戦争において、対峙する集団は、それぞれの〝善〟を持っています。侵略戦争の場合、侵略側の戦闘員の多くは、指導者が放つ大義名分という〝善〟のもと、**共同幻想**で繋がっている人のために戦います。相手を殺傷したり、自分が殺傷されたりするのです。なんと悲しいことでしょう。多くの戦闘員には、自集団への〝愛〟はあっても、相手集団への〝愛〟はありません。〝善〟は争いを導きます。〝善〟の反対概念は、西洋哲学では〝**悪**〟です（仏教では、反対概念は〝悪〟ではなく〝煩悩〟です）。前述したように、さまざまな観点から鳥瞰すれば、絶対善も絶対悪も存在しません。例えば、国と国との戦争の場合、侵略される国側や第三者には、侵略する国は〝悪〟です。しかし、侵略側の国の主導者は、侵略とは言わずに大義名分を掲げます。侵略側の国の戦争支持者は、武力行使が〝善〟になるわけです。

興味深いことに、戦争における大量殺人とは異なり、通常の殺人は、多くの国で〝**限りなく悪に近い悪**〟として考えられています。〝人を殺してはいけません〟は、通常時の人間界の常識といえるでしょう。事情や状況に応じて、処罰刑はそれぞれの国や州の法律に基づき重軽さまざまであり、さらに精神障害や若年齢などの特殊な事情で無罪ということもあり得ますが、では、戦争ではどうでしょうか。人類史が始まって以来の限りなく数多くの紛争・戦争において、〝勝てば官軍、負ければ賊軍〟という論理が、古今至るところに存在したと思われます。双方、それぞれの〝善〟のために殺人が行われてきたのですが、勝った集団が権力を握るので、負けた側の集団の人のみが罰せられることになります。勝った側では大量殺人も〝善〟となります。なんと英雄と讃えられることもあります。

現在の国際連合憲章第2条4項においては、〝武力による威嚇または武力の行使〟は禁じられています（例外は、国連による集団安全保障措置と自衛権の行使です）。戦争は〝悪〟と認識されているわけです。ただ、違反しても厳密には、刑罰は存在しません。さらに、ウクライナ侵攻の場合、ロシアが国連の常任理事国で拒否権があるため、国連の集団保障体制が機能しません。法治国家では、国内の殺人は〝悪〟として罰することができるのに、戦争ではできないのです。明らかな国際法違反でも国連はほぼ何もできないわけです。現在までに起きた、そして現在も起きている世界各地の内戦・内紛では、どちらも、自分サイドを〝善〟としているわけですから、善悪による紛争解決は極めて難しいといえましょう。

ここで、私が主張したいのは、〝武力による威嚇または武力の行使〟を行う戦争は、殺人と同じように〝**完全悪に限りなく近い圧倒的な悪**〟という認識の倫理観を、世界中の人間が持つべきであり、すべての子供にそのような教育をするべきである、ということです。愛国心を育てる教育はそれぞれの国にあり、それはとても良いことです。しかしその前に、人類皆友達・世界平和という心を育てる教育をすることがよいと思います。侵略された側には、この倫理観は受け入れがたいかもしれません。恒久平和の道のりは長いです。ですが、目指すことを続けないといけません。時間を超えて人類社会に受け継がれてきた**［オス脳ミーム］**は、支配欲・権力欲を持つ**戦争主導者の脳基盤**となっているだけでなく、**戦争支持者の脳基盤**にもなっています。愛する自己集団の戦争を〝善〟と判断する感情です。今後、［オス脳ミーム］を脱構築する教育が非戦争への道の鍵になるかと思います。

## コラム7　あおり運転

性別やジェンダーに関係なく、暴力的凶悪犯罪は、感情的な怒りから引き起こされることが多く、男性が犯罪者の場合、**［オス脳］**由来の暴力性が要因の一つであることが多いと考えられます。加えて、そのような犯罪には**［オス脳ミーム］**との関連性があると思います。例えば、あおり運転です。近年、日本ではドライブレコーダーの装着が一般化され、凶悪犯罪として、あおり運転がクローズアップされてきました。あおり運転される側の人にとって、知らない人から受ける死と隣り合わせのいきなりの恐怖は、いかばかりでしょうか。実際、高速道路で亡くなった方もいます。少し古いデータですが、日本における2018年と2019年の2年間で、あおり運転で摘発された人の96％は男性だったそうです。自分の思いと異なる行動をした人に対して、瞬時に怒りを露わにして行使する暴力的行動は、本能的で、［オス脳］の関与があるかと思います。加えて、あおり運転を起こす人には〝プライド〟を傷つけられて暴力的行動をとる人も多いかと思います。車の運転にプライドがある人が、日本では女性より男性に多いということが背景にあるでしょう。〝プライド〟は社会との関係で発生します。あおり運転を含めて、プライドを傷つけられた屈辱から発する暴力行為を起こすのは、男性に多く、［オス脳ミーム］との相関があると考えられます。

# 第8章

# ［オス脳ミーム脱構築(deconstruction of male brain meme)］へのヒント：非オス脳ミームの人たち

本言説で提案してきた「オス脳ミーム」は、哺乳類の進化、人類の社会進化において、強いオスvs弱いオス、男性vs女性・子供、攻撃・暴力vs守備・防御、侵略vs防衛、権力・支配vs自由、戦争vs平和という**階層的二項対立**に関わります。〝**脱構築（deconstruction）**〟という言葉は、〝破壊＋建設〟の意味を持つフランス発の哲学用語です。階層的な二項対立をそれぞれ考え直し、再構築していこうというもので、本言説にある程度相応しい言葉と感じ、使用しました。私としては、破壊＋建設というよりは、階層的二項対立を無意味化し、その先に〝**多様性の寛容**〟という願望を込めて使っています。

さて、チンパンジーや人類の祖先、そして現在に至るまでの人類において、「オス脳ミーム」は、幅広く深く浸透してきましたが、そのミーム社会の環境下で、「非オス脳ミーム」の人間は女性だけでなく男性にも多数存在します。すなわち、未来社会における**「オス脳ミーム脱構築」の希望**がそこにあります。脱構築へのヒントとして、私が紹介したい脱オス脳ミームの人々を以下に紹介します。

## 8－1　宗教創始者：釈迦（ガウタマ・シッダールタ）とイエス・キリスト

いくつかの宗教の原点には、人類への隔たりのない愛が根底にあるかと思います。例えば、釈迦やイエス・キリストは、［オス脳ミーム］をも内包する〝**大きな愛**〟を持っている思想家だったと私は推察します。この〝大きな愛〟は、その後、弟子たちによって世界に広がり、伝承され、現在に至っているわけです。ただ、彼らの死後、その言葉を伝える伝道者がほとんど男性であったため、組織化されるにつれ、［オス脳ミーム］の影響が大きくなっていきました。釈迦やイエス・キリストの〝大きな愛〟をデフォルメし、今、そして、未来へ、〝**愛のミーム**〟として、世界へ伝えることができたらと、願います。

## 8-2 非暴力（nonviolence）主義者

**【非暴力主義】**

非暴力主義思想の歴史は古く、仏教やキリスト教、またジャイナ教にも見ることができます。近代では、ロシアの作家レフ・トルストイの非暴力主義が、フランスの作家ロマン・ロランや**マハトマ・ガンディー**に影響を与えたと考えられています。なんと、ガンディーは、非暴力主義を実践（非暴力・不服従運動を説き、先導）し、インド独立を導いたのです。その後、アメリカでもこの**非暴力主義の実践**は受け継がれていきます。**マーティン・ルーサー・キング・ジュニア（キング牧師）**は、ガンディーに啓発され、非暴力的抵抗の教えに共感し、徹底した非暴力主義でアフリカ系アメリカ人公民権運動を先導しました。彼は〝I Have a Dream〟の演説の数年後に、暗殺されてしまいましたが、その理念は受け継がれています。

20世紀後半には、ガンディーに影響を受けたと考えられるアメリカの政治学者の**ジー**

ン・シャープが、独裁主義を倒して民主主義へ移行するための**実践的非暴力論**を提案しました。１９９４年に出版された『独裁体制から民主主義へ』は、多くの言語に訳され、世界中で読まれています。世界に、いまだ独裁政権が多く存在する現在、その独裁政権に対する非暴力の行使は、［**オス脳ミーム脱構築**］の有益手段の一つであると考えられます。

**【非暴力における課題】**

ジーン・シャープの実践的非暴力論は、２０１０～２０１２年の〝**アラブの春**〟に影響を与えたと考えられています。しかし、アラブの春は、２０１４年以降、アラブの冬（内戦、権威体制の復活、過激派の活発化）と化してしまいました。非独裁体制の統治維持に、大きな課題があることが浮き彫りになったと考えられます。〝非暴力〟という言葉は、暴力装置としての支配体制を前提として、主に、暴力的支配体制に対抗する手段として使用されてきた言葉です。すなわち、〝非暴力〟は、支配体制から自由を勝ち取るための手段であり、勝ち取ったあとの統治に課題が残ったわけです。今後、独裁的・権威体制においては、［**オス脳ミーム脱構築**］というテキストの中で、〝非暴力〟を行使する選択プラスその後を考えていくことが必要かと思います。

## 8-3　政治指導者・宗教家・アーティストなど

過去・現在において、平和・人権をモットーとして、活動された政治家や宗教家のトップは多数おられます。たくさんいらっしゃるのですが、その中で5人の方について書かせてもらいます。加えて、世界志向のアスリート、学者、アーティストなどを紹介したいと思います。

**【ミハイル・ゴルバチョフ】**

ロシアのウクライナ侵攻後、この言説の構想を練り始めた頃、なんと、**ミハイル・ゴルバチョフ**が死去（2022年8月30日）されました。この本を早く書くようにと推されている気がしました。

彼は、ソビエト連邦共産党という極めて保守的な［**オス脳ミーム**］社会の中で、

１９８５年、ソビエト連邦のトップ指導者であるソビエト連邦共産党書記長に選出されます（注：共産党の理念であるマルクス主義は、労働者階級の解放とともに、さまざまな抑圧や不平等の撤廃を目指していたので、ソビエト連邦共産党も中国共産党も、当初はジェンダー平等的な理念があったと考えられます。しかし、ソ連の場合はスターリン時代から、中国の場合は文化大革命から、権威を特徴とした［オス脳ミーム］社会に戻り始めたと考えられます）。

ゴルバチョフは、共産党書記長の前々任者で改革的であったアンドロポフに認められたようでしたが、彼の死去後、大きな後ろ盾を失いました。その後、保守的なチェルネンコが選出されましたが、チェルネンコ後の書記長に、ゴルバチョフが選出されたことは、彼自身が、［オス脳ミーム］の政治社会の中で、自分の政治理念のために、ポジションを勝ち取る術を持ち合わせていた、臨機応変でしたたかな人だった、ということが想像できます。しかし、一旦書記長になると、［オス脳ミーム］志向を脱構築しようと、**グラスノスチ（情報公開）とペレストロイカ（再構築・再革命）**政策を遂行していきます。書記長に着任してまもなく、ソ連・アフガン戦争から撤退し、ロナルド・レーガンアメリカ合衆国大統領との首脳会談を行い、核兵器の制限と冷戦の終結に乗り出しました。それまでにソ連が行ってきた他国への軍事行動を極力抑え、対話による平和的解決を探り、東西冷戦の終結、初の核軍縮条約（中距離核戦力全廃条約）の締結、そして、東西ドイツの統一を導きました。

ソ連およびその他の共産圏の国々では、人間の権利と自由の獲得、及び民主化が進みました。それらの功績で、1990年ノーベル平和賞が彼に授与されたわけです。彼は、保守派との妥協で覇権的行動を指揮したこともあったようですが、不本意だったのではないかと推察されます。彼は、人や国を支配しようとする［オス脳ミーム］政策とは異なり、**寛容・協調・平和**という、**［平和ミーム］**へのシフト政策を行おうとしたのだと、私は思っています。ロシア人の中には、ゴルバチョフがソ連崩壊を招いた張本人との認識の強い人が多くいるようです。ある観点では、その解釈は的を射ていますし、古き良きソ連邦に郷愁を感じるロシア人の多くの人には、当然の認識かもしれません。しかし、私はベルリンの壁が崩壊する映像をニュースで見たとき、政治が〝壁を取り払い、人と人を繋いだ〟と涙せずにはいられませんでした。彼は、人類史上、**［オス脳ミーム脱構築］**を推進した最大の政治指導者と思います。

**【バラク・オバマ】**

２００９年1月、**バラク・オバマ**はアメリカ合衆国大統領に就任しました。就任後まもない4月に、チェコのプラハで核兵器廃絶に向けた演説を行いました。核兵器を使用した唯一の核保有国として行動する道義的責任があるとして、米国が率先して核兵器のない平和な世界を追求するべきとの決意を表明したのです。私は、このニュースを聞いた当時、驚くとともに、その理念をとても嬉しく感じたことを覚えています。オバマ大統領は、この演説と〝**核なき世界（a world without nuclear weapons）**〟に向けた国際社会への働きかけに対して、その年の10月にノーベル平和賞を受賞しました。彼にはまだ核兵器削減の実績はなかったものの、平和賞の選定に際し、ノーベル財団に、オバマ大統領に対して核兵器廃絶への大きな期待があったことが推察されます。実際、翌年、ロシア連邦大統領ドミートリー・メドヴェージェフとの間で、戦力核弾頭配備数を制限する〝**新戦略兵器削減条約**〟がプラハで調印され、２０１１年に発効されました。

ただ、その後、〝核なき世界〟は、理想のままとなり、彼の核に対する言葉と行動のギャップは多くの人に批判されてきました。しかし、オバマは、［平和ミーム］への志をもった先導家であったと、私は思っています。

## 【アンゲラ・メルケル】

女性で国のトップになった政治指導者は、［オス脳ミーム］の影響を多分に受けた可能性があるのではないかと前述しました。しかし、そうでない**［平和と愛のミーム］**を持った政治家の女性もいたと考えられます。ドイツ連邦首相**アンゲラ・メルケル**です。彼女は、35年間、〝言論の自由〟のない統制下の東ドイツで生き、非自由の支配的な［オス脳ミーム的社会］に対して、強いアンチ思考を構築したのかもしれません。そういう意味で、**［アンチオス脳ミーム］**を強く心に秘めた方と推察します。［オス脳ミーム］の政治社会でトップになれたことは、さまざまな妥協と幸運があったのかもしれません。

彼女が語った言葉の一例として、紹介したいものがあります。第45代米国大統領のドナルド・トランプがメキシコとの国境に壁を建設していた当時のことです。２０１９年ハーバード大学の卒業式のスピーチで、〝無知と偏狭でできた心の壁を壊してほしい〟と発言しました。ベルリンの壁とその崩壊を見てきた彼女にとって、当然の言葉かもしれません。しかし、当然ではなく、彼女だからこそ、と私は思うのです。国のトップ指導者になり、さらに長期政権にもなると、［オス脳ミーム］的思考が増大し、自らの支配思考のために、法律や規約をも変える政治家が現在もいる中、彼女は、愛と自由の精神を維持し続けてきたブレない政治家と感じます。論理的思考と自由な発想を求められる科学者出身であったことも、平和と自由の思想基盤に合っていたかもしれません。

16年の長期にわたる政権下、〝**脱原発**〟〝**環境配慮**〟〝**難民受け入れ**〟〝**紛争危機回避**〟という政治的行動を一貫して行ってきました。他者を暴力等によって支配しない［アンチオス脳ミーム］を一貫して維持し、科学によるより良き未来を想像し、また科学を吟味し（例えば、２０１８年の訪日に際し、３・11地震で起きた原発事故を受けて脱原発へのメッセージを出しました）、人類愛と自由を求めた偉大な政治家だと私は思います。

【ヨハネ・パウロ2世】

平和貢献を行ったローマ教皇（法王）は複数いますが、その中で〝**平和のローマ教皇**〟ともいわれる**ヨハネ・パウロ2世**を紹介します。ローマカトリック教会の指導者として、1978年から2005年まで、世界中で平和と人権のために活動しました。特に、冷戦期の東西ドイツの分断や南アフリカのアパルトヘイト政策に反対し、平和的調停に尽力しました。また、イスラエルとパレスチナの和平交渉、ニカラグア内戦調停などの地域紛争にも取り組みました。彼の理念的に素晴らしいところは、さまざまな信仰（他宗教や他宗派）に対し寛容を示し、宗教間や宗派間での理解や対話促進にも力を入れたことです。

【エリザベス2世】

イギリス女王**エリザベス2世**は、ゴルバチョフの死去後、まもない9月8日に亡くなられました。彼女は、国王として、あるいは宗教家として、**［寛容・協調・平和的ミーム］の志**で行動されていたと私は思っています。イギリス国教会の最高権威である彼女は、400年ぶりにカトリック教会のローマ法王（前述のヨハネ・パウロ2世）と友好を結び、また南アフリカのアパルトヘイト廃止やネルソン・マンデラの釈放に陰で尽力したのです。さらに北アイルランド紛争では、身内が被害を被ったという状況の中で、紛争解決のための和平交渉に関わり、紛争終結への道の手助けをしました。

釈迦、キリストが言ったとされる以下の言葉が頭に浮かびます。〝憎しみは憎しみによって止むことはなく、愛によって止む〟〝自分の敵を愛し、迫害する者のために祈りなさい〟。

## 【アスリート、科学者・学者、アーティスト】

アスリート、科学者・学者、そして、アーティスト。これらの3つのカテゴリーの人は、それぞれ異なる分野で活動しています。3者に共通性はないと思われるかもしれませんが、私は、〝自由〟という観点で共通性があると思っています。これらの人の多くは、組織に属している人も多くいますが、組織からの強い支配を嫌がり、自由を欲する人が比較的多いかと思います。そして、〝アイデンティティ（identity）〟の捉え方に共通性があるのではないかと感じています。

例えば、外国の方に接するとき、まず、その人の国籍、性別、年齢、あるいは宗教を認識してから、理解しようとすることが多いかと思いますが、アスリート、科学者・学者、アーティストの方々の中には、〝アイデンティティ〟の中の〝パーソナリティ（個性）〟で人を見聞する傾向のある人が多いと感じます。これは帰属意識が低いということが関与しているかと思います。そのような方は、ヒトの多様性あるいは個性を当然として認識するかと思います。〝多様性の寛容〟というよりもむしろ、多様性の寛容という意識があまりない、〝ボーダレス人類〟という感じでしょうか。もちろん、個人によります。

### （1）スポーツ精神

比喩としてはぴったりではないのですが、多くの日本人は、マスコミも含め二刀流の大谷翔平を、日本人の野球人として誇らしく思っているかと思います（現在では、ようやくマスコミの方は日本人の誇りという言葉を使わなくなってきた気がします）。大リーガーの選手はどうでしょうか？　多くの大リーガーは、日本人として大谷を見るのではなく、国は関係なく、二刀流を行う個性豊かな卓越した野球人として見ているのではないかと思います。彼自身はどうでしょうか？　彼に聞いたわけではありませんが、彼は日本人としてではなく、一人の人間として二刀流を目指し、頑張ってきたのだと思います。

もちろん、五輪、ワールドカップ、ＷＢＣなどの国と国の競技では、国の代表として、国の名誉のために頑張る人がほとんどかと思います。２０２３年のＷＢＣでは大谷選手も、そのような気持ちはあったかと思います。興味深かったのは、そのＷＢＣでダルビッシュ有投手が〝**野球を楽しもう**〟、という趣旨のことを大会前の練習のときから発していたことです。これが本来のスポーツ精神だと私は思います。そして、これが［**非オス脳ミーム**］的発想だと思います。このＷＢＣでは、日本は以前より、国というよりも、チームのために、それぞれのメンバーのために、補い合い、楽しもう、というスピリッツがあったように思います。これは、世界で生きているダルビッシュや大谷がいたからこそ、と思います。

五輪の精神は、国や文化などのさまざまな差異を超え、スポーツを通して、理解し合い、**平和な世界の実現**に貢献することです。ワールドカップなどの国際競技の理念もそうあるべきです。異なる国の代表の人たちがスポーツで交流し、観衆は、スポーツを楽しみ、自分のサポートチーム以外のチームやメンバー、そしてそのメンバーの国や文化の多様性を寛容し、理解し、尊敬し合うことが、とても重要です。東京・パリ五輪でのスケートボード競技を終えた後のお互いを称え合う笑顔、パリ五輪での自身の演技後にライバル選手の競技のために、興奮の場内を静めた体操の橋本大輝選手、これが五輪です。パリ五輪だけになるかもしれないブレイキンは、対立を暴力ではなく音楽とダンスで解決しようとする平和と寛容を象徴する五輪にぴったりのスポーツです。順位を決めることは重要なことかもしれませんが、まずあるべきは、〝五輪の精神〟と私は思います。

話は、２０２３年のＷＢＣの試合に戻りますが、あのＷＢＣでは、私はメキシコ対日本のゲームしかon timeで見ていませんでした。あのゲーム、本当に美しかった。メキシコのレフトのランディ・アロサレーナ選手、２塁へスライディングするアラン・トレホ選手。素晴らしかった。どちらが勝ってもおかしくないゲームでした。順位を決めることはプラスアルファであることを、伝えるマスコミ側が認識してほしい、と思います。それがないと、見る側が育ちません。伝える側のすべてのマスコミでなくても構いません。マスコミの中の一部でも構いません。〝絶対に負けられない戦いがそこにはある〟という言葉を使うマスコミがいても全然よいのですが、解説者も含め、人類間で理解と尊敬を持つ［**オス脳ミーム脱構築**］思想を発信するマスコミがいてほしいと思います。日本がサッカーのワールドカップに初出場するよりかなり前のことになりますが、あるサッカーの解説者が、ワールドカップの予選や本戦は、国と国との戦争である、と宣っておりました。比喩でも言っていいことと、悪いことがあると私は思います。〝あなたは戦争の残忍さ、悲惨さを知っているのですか？〟と言いたかったです。戦争とスポーツは、まったく異なるものです。

さらに、多様性とスポーツ精神に関して、［**平和ミームスピリッツ**］を感じる2つのスポーツ競技を紹介します。1つは、**ラグビー**です。国際的な交流や選手の移動に比較的柔軟なスポーツで、ワールドカップなど国と国の試合を見ると、同じチーム内での国際色が豊かであることがわかるかと思います。異なる文化や背景を持つ選手が同じチームでプレーし、競ったあと、no side でお互いを讃え合うというスピリットを持ちます。もう1つは、**アルティメット**というスポーツです。チーム間で点を競うゲームでありながら、審判がいないのです。〝スピリット・オブ・ザ・ゲーム〟といわれるフェアプレーとスポーツマンシップを重視する理念のある競技で、選手自身がルールの違反や争点を解決する責任を持ち、しかも女男混合の場合もあり、選手間のコミュニケーションと合意によってゲームが進行します。

この項で最後に紹介したい人は、2022年10月1日に亡くなったプロレスラーで、引退後は政治家としても活動されていた**アントニオ猪木**です。彼は、1989年にスポーツ平和党を結成し、スポーツを通じた国際交流や平和作りの重要性を訴える活動をしてきました。日本と北朝鮮との関係改善にも取り組みました。その精神は、スポーツを通して、国を超えてわかり合い、平和になろうという「平和ミーム」の精神です。「オスーオス闘争」を連想してしまうような、ときには血が流れるプロレスという競技のスポーツマンが、「平和ミーム」の構築を目指したのです。彼の代名詞というべき〝闘魂〟というスピリッツと少し味わいが異なりますが、彼のスポーツを介した**「平和ミーム闘魂スピリッツ」**を、さまざまな社会で引き継いでもらいたいと感じます。

## (2) 科学者・学者

国の代表になるトップアスリートは、アスリートの中でもほんの少数です。多くのアスリートはクラブやチーム内での選抜において、自身のパフォーマンスをアピールしていかなければなりません。トップアスリートおよびトップ予備軍のアスリートは、他者との競争の世界の中において生き残るために、肉体だけでなく精神的にもタフでなければなりません。

これに比べ、ピュアサイエンス・学問領域では、ある真実を人類全体が共有することが大きな目的と考えることができますので、その精神を持った科学者・学者であれば、論文発表で他者に競争で敗れたとしても、アスリートほどのダメージはないかと思います。企業に所属する技術者としてのサイエンティストは、特許など会社の利益に関わることが多いでしょうから、かなり異なるかもしれません。さて、現在のサイエンスには、個人あるいは集団の才能や技術が必要で、さらに、資金も必要です（近い未来では、多くの成果がＡＩを介していることでしょう）。資金は、個人の資質だけでなく、所属する団体や国の影響をまともに受けます。しかし、ピュアサイエンティストが集まり、研究を発表する国際学会で私が感じることは、所属（国や所属機関）とは関係なく、人間として、他の研究者と研究を楽しんで議論していることです。サイエンスはジェンダーや国を超えています。さまざまな分野からサイエンティストが集まり、「オス脳ミーム脱構築」を科学界から発信できたらと思います。以上のことは、純粋科学だけでなく、すべての学術分野を含む学者にも言えることではないかと思います。

## (3) アーティスト

アートは、究極的には作った本人がアートと認識すればよいと私は思っています。ですので、アーティストは売れることを意識しなければ、どこかの団体への帰属意識はほぼなくてもよく、そのような人ほど、心が自由と考えられます。職業として成立させるためには、アーティストは他者に認められなくてはなりませんが、他者との直接の競争はありません。そのような状況にあってか、アーティストには、既成の概念に囚われない、「オス脳ミーム脱構築」した人が多いと、私は感じます。

その中で、まず**ジョン・レノン**について書かせてもらいます。彼の〝**Imagine**〟という曲の歌詞（2017年に作詞は**オノ・ヨーコ**との共作と認定）の中に、〝国境がないって想像してみて。難しいことではないさ。すべての人が平和に暮らす世界を想像してみて……〟という意味の歌詞があります。［オス脳ミーム］のない、まさに垣根のない〝ボーダレス人類〟の世界です。〝**想像する**〟ことはとても大事なことです。そこには希望や夢があります。〝**未来永劫の戦争なき世界**〟を、想像すれば、いつか実現できるかもしれません。前述しましたが、今一度。目指さなければ、想像しなければ、実現はできません。

次に、４人の日本のアーティストを紹介します。３人は世界を音楽で席巻し、世界を知る人です。テクノポップを先導したグループＹＭＯのメンバーの**高橋幸宏**、**坂本龍一**、**細野晴臣**です。悲しきかな、前者の２人は一昨年（２０２３年）、古希の頃に亡くなりました。今の時代、古希はまだまだ若いです。残念です。彼らの素晴らしきところの一つは、ユーモアがあったことです。ユーモアは［オス脳ミーム］と相性が悪いと感じます。ＹＭＯ散開後、彼らはそれぞれ、平和、地球環境、人権に対して活動を行ってきました。

もう１人は、ノーベル賞作家の**大江健三郎**です。坂本龍一と同様に、彼もこのセクションを書いている最中に亡くなられました。**反戦・平和**、**反核**、**人権問題**に対し、自身の作品（『ヒロシマ・ノート』『万延元年のフットボール』『新しい人よ眼ざめよ』）で啓発するだけでなく、作品以外でも積極的に言動をしてきました。

### （4）多様性の寛容からボーダレスへ

この〝［非オス脳ミーム］の人たち〟のセクションで言いたかったことの一つは、繰り返しになりますが、世界で生きるand/or世界を知っているアスリート、科学者・学者、アーティストの中には、［オス脳ミーム］という社会脳を意識せずに自然と脱構築されている人がおり、その人たちの中には、**〝多様性寛容〟**を善とする意識というよりもむしろ、**〝多様性は当然〟**であり、どちらかと言うと〝ボーダレス人類〟の認識を持っている人が多くいるのではないかということです。**［オス脳ミーム脱構築］**の先は、多様性寛容を超えて、人を個性として見る**〝ボーダレス人類〟**の認識社会と考えます。

## コラム８　１９８９年ベルリンの壁崩壊！

ベルリンの壁崩壊の２年前の１９８７年、英国生まれのグラム・ロッカーの**デヴィッド・ボウイ**が、西ベルリンの壁の側で、壁の反対側の友人に願いを送ったコンサートが行われました。同じ年、私が敬愛する**ヴィム・ヴェンダース**監督の『ベルリン・天使の詩』が公開（日本では１９８８年公開）されました。そして１９８９年、東西の壁が壊されたのです。あり得ないと思われていたことが起きたのです。私は、壁崩壊の映像を見て驚嘆し、まさに時代は動いていると実感しました。ゴルバチョフの影響の凄さを感じました。非戦争の世界を、目指さなければ、想像しなければ、実現はできません。

# 第9章

## ［オス脳ミーム脱構築］の実現に向けて：ミームシフト（オス脳ミームから多様性寛容の平和ミームへ）

世界が［オス脳ミーム］から**［平和（非暴力・非権威・非支配・非戦争）ミーム］**へ［ミームシフト］するためには、［オス脳ミーム］を認知・理解し、この古き利己的な社会脳を、脱構築しなければなりません。ジェンダー平等が世界的に認知されてきた今の時代だからこそ、**［オス脳ミーム脱構築］**できる可能性があると私は思います。いや、未来の戦争のない人類世界のためにやらなければと思います。

---

［オス脳ミーム脱構築］には、女らしさや男らしさの否定は必要ありません。女らしさや男らしさの良さは、［オス脳ミーム］を超えたところに多く存在するからです。私は、個性的な〝らしさ〟を寛容する〝多様性寛容〟が世界で実現されれば、［オス脳ミーム］の脱構築が達成され、戦争のない世界を実現できる可能性があると考えます。

## 9－1　［ジェンダー平等］と［オス脳ミーム脱構築］

［ジェンダー平等］は、国連の持続可能な開発目標（Sustainable Development Goals：SDGs）の一つです。ただ、実際、現実にはなかなか目標を達成することは難しいようです。これが、私がこの本で書こうと思った理由の一つでもあります。世界のあらゆる人々に、**［多様性寛容・ジェンダー平等］**を**［オス脳ミーム］**という全く別の観点から、その重要性を認識してもらうことが必要と感じたのです。哺乳類のゲノムから引き継いだ［オス脳ミーム］が、多くの人類殺戮の歴史に背景・基盤として関わってきたこと、そして［多様性寛容・ジェンダー平等］の実現のために、政治界や宗教界を含め、家族から国家を含むすべての社会集団で、［オス脳ミーム］の脱構築が欠かせないことを、世界の方々に知ってもらいたいです。

## 9-2 ［オス脳］の抑制は前頭葉によって可能だが、［オス脳ミーム脱構築］は可能か？

第4章で記したように、アンドロゲン依存性の［オス脳］は本能ですので、欲望の変容はなかなか難しいのですが、欲望由来の行動（視床下部由来の性欲・攻撃・暴力的本能行動）は、理性を司る**大脳皮質の前頭葉**等で抑制することができます。これが獣とは異なる人間の人間たる所以です。アンドロゲン非依存性の［残存オス脳］も、大脳・海馬の記憶システムに侵入しているといえど、理性によって抑制可能です。

## 9-3 非戦争・アンチ戦争に向けての［オス脳ミーム脱構築］

［オス脳ミーム脱構築］には、今までの通念や偏見から脱する**個人個人の意識改革**と**教育・社会・政治改革**の両方が必要です。

## 【宗教：多くの宗教は男性優位】

宗教は、人類において、苦難を乗り越えるために、あるいは生きていくことの拠り所として、精神的に必要なものであった、あるいは、現在も多くの人に必要であると思われます。いくつかの宗教の原点には、人類すべての人への隔たりのない〝愛〟が根底にあるかと思います。キリスト教には、〝敵を愛し、自分を迫害する者のために祈りなさい〟というイエスの言葉があります。この言葉に従えば、殺人や戦争はあり得ません。仏教では、人類を超えて、生きとし生けるものへの愛を謳っています。ヒトを含むあらゆる命の殺生を罪とし、ヒトは、生きるために、他の生物の命をいただいているという罪を背負い、これをヒトの根本的な問題として考えなければならないという教えです。

しかし、昔から現在まで、至るところで異なる宗教間の対立や、同じ系統の宗教でも宗派による対立（例えば、キリスト教：カトリックvsプロテスタント、イスラム教：スンニ派vsシーア派）から生じた紛争・戦争は数多く、なぜ宗教に争いが？と疑問を抱きます。これは、宗教界の背景に、［オス脳ミーム］由来の［支配・権威］が存在してきたからと考えることができます。実際、多くの宗教や宗派のヒエラルキー上位に位置する人の多くが

男性であり、現実には、**男性優位社会**となっているかと思います。キリスト教や仏教の原点の〝愛〟を考えると、一見ヒエラルキーは必要ないと思えますが、組織にはそれ自体、ヒエラルキーを生む土壌を持つ特性があり、大きくなればなるほど、**「支配・権威」**が組織内で大きくなっていきます。同じ宗教

でも、考えが異なる宗派が生じた場合、［オス脳ミーム］が宗派対立の背景となります。政治に宗教が密着している国では、宗教が国内外での［支配・権威］に直接関わってきます。宗教界に、［オス脳ミーム］が蔓延しているのです。

宗教家の多くの方々に、［オス脳ミーム］を脱構築し、非暴力や非殺傷の精神（多くの宗教の原点かと思います）を世界に発信してもらいたいと思います。平和世界を訴えている宗教家は非常に多いです。影響力も大きいです。多くの宗教家が協力して、まず宗教界に蔓延する［オス脳ミーム］を脱構築し、世界に平和を発信する運動を展開することを期待します。

## 【政治：女性が政治指導者になったら戦争はなくなるか？】

古今さまざまなところで、女帝が国を治めた例は少なからずありますが、その多くは、統治者であった男性の妻や娘などの血縁や姻戚であり、既存の国家を引き継ぐ形で女帝となったもので、自ら、戦争で新たな国・王朝を作った女帝はほとんど存在しなかったのではないかと思います。女性は、［オス脳ミーム］を引き継ぐことはできますが、［オス脳由来の攻撃性・暴力性が少なく、殺戮を好んで自ら侵略することはしない可能性が大きいと思います。戦争で指揮をとったジャンヌ・ダルク、ラクシュミー・バーイーなどは、不当な支配や侵略に対する防衛的立場での行動であったと考えられます。

さて、近代国家において、戦争を主導する政治指導者のトップが、女性あるいはジェンダー多様性の方であったなら、戦争はなくなるのか？という議論をしたいと思います。2022年当時メタ（旧フェイスブック）社の最高執行責任者だったシェリル・サンドバーグは、もしロシアとウクライナの首脳がいずれも女性だったら、両国は戦争を起こさなかっただろうと語りました。〝女性は戦争をしない〟かという議論（Elsesser 2022）には賛否両論があるようです。女性が政治指導者になっても戦争はなくならないという人が多数かもしれません。その根拠には、以下のようなものがあります。

①今までの政治指導者は圧倒的に男性が多かったが、女性・男性に関係なく、人間の習性として、戦争は起きるのである。

②実際、英国首相のマーガレット・サッチャー、インド首相のインディラ・ガンディー、イスラエル首相のゴルダ・メイアといった女性の政治トップは、戦争の首謀者と

なっていた。

最近、フランス、イタリア、ドイツなどで、保守的な極右の女性党首が登場してきました。排他的で好戦的な思考は、一般男性以上とも考えられます。ですので、現段階では、多くの国で、たとえ女性が政治指導者になったとしても、戦争は十分起こり得ると思います。現在までに、政治社会のトップの座についてきた女性政治家の多くは、[オス脳ミーム]の影響が非常に強い政治社会（政治集団）において、[オス脳ミーム]に影響を受け、賛同し、あるいは利用し、男性からの支持も受けて、トップ指導者になってきた人が少なくないと思います。[オス脳]がなくても、男性優位社会の中で生きていく中で、[オス脳ミーム]の根幹である[権力と支配]の社会を受諾し、時には享受し、そして〝**自己集団愛**〟を強く抱くことができれば、女性であっても[オス脳ミーム]の影響下に入ることが可能と考えます。もちろん、ミームの影響ではなく、脳形成にアンドロゲンの影響を受けている方もいると思います。前述の3人の女性首相に関してはわかりませんが、[オス脳ミーム]の政治組織の中で、トップに上り詰め、トップ指導者として、女性は〝弱腰〟とか〝軍事面が弱い〟というレッテルを貼られないように、強気の外交を志向し、戦争を選択したのではないかと考えることも可能です。［オス脳ミーム］の影響をあまり受けずにトップ政治指導者となった女性もいます。8－3で記したアンゲラ・メルケル首相です。

話を元に戻します。歴史上、政治指導者が女性で、一般女性の強い支持のもと、戦争を主導した例はないでしょう。私の考えは、以下の点があれば、少なくとも戦争を手段とする外交をしない、と確信します。すなわち、［オス脳ミーム］に対しアンチの立場の女性あるいはジェンダー多様性の方が、トップ政治指導者であり、これをサポートする大臣やブレーンが、同様にアンチの立場の考えの人であることです。このような政治家集団であれば、戦争を選択肢にしないと考えます。

**【ジェンダー・クオータ】**

**［オス脳ミーム脱構築］**の政治社会を実現させるためには、教育により、［オス脳ミーム脱構築］世代が政治に積極的に参加する、ボトムアップ的なミーム形成が理想です。ただ、世界から現在や近未来の戦争・紛争を少しでも早く、少なくするためには、制度改革が急務と思います。その制度改革とは**ジェンダー・クオータ**（**gender quote**：ジェンダー

格差是正のための割り当て）制の導入です。多くの国の政治組織で導入が望まれますが、問題点は、この制度の導入を決定する政治組織にジェンダー格差があるため、導入の決定に壁があることです。加えて、導入制度自体が民主的ではないという批判もあります。そのような大きな壁はありますが、さまざまな国の政治家に、ジェンダー・クオータ制の意義の一つに［オス脳ミーム脱構築］の実現があることを認識・賛同してもらい、割り当て％はその国の事情を考慮して、最初は微かであっても、とにかく、この制度の導入をいち早くしてもらえたらと思います。現在、スウェーデン、インド、ボリビア、ルワンダでジェンダー・クオータ制が導入されています。導入により、その国の政治が［**平和志向**］となってきたかは、それぞれの国の事情もあり、検証の余地が大いにありますが、良好な変化は出ているかと思います。

さらに、政治関連だけでなく、経済や学問領域を含め、非常に多くの集団・組織にジェンダー・クオータ制を導入することが、［オス脳ミーム脱構築］と［**多様性寛容の平和ミーム**］達成に少しずつ近づくかと思います。ジェンダー・クオータ制の最大の利点は、ジェンダー多様者や女性の各分野への参加であり、今やノルウェーやドイツなどでは企業での導入がなされてきています。しかし、ジェンダー平等の発展途上国では、現段階では、質の低下や逆差別という課題があります。クオータを徐々に変化させていくことなどにより、時間は少しかかるかもしれませんが、課題は少しずつ解決されていくものと考えられますので、世界の多くの集団・組織に、ジェンダー・クオータ制の導入がいち早く行われることを切願します。

ちなみに、7－5で言及した1994年の約100日間で100万人ほどが大虐殺された**ルワンダ**は、その後、復興と大きな発展をしていきます。難を逃れて海外に脱出した人のうち200万人ほどが帰国し、海外経験をもとに復興に尽力したようです。そして、21世紀になると近代化が進み、**アフリカのシンガポール**と呼ばれるほどになりました。この復興過程では、元来の伝統的な家父長制度の崩壊、すなわち**［オス脳ミーム脱構築］**が行われたようです。そのような状況下で、ジェンダー・クオータ制導入も行われ、現在、下院の過半数は女性だそうです。日本ではあり得ない状況です。環境への配慮の政策も取られており、SDGs先進国です。**［ミームシフト］**がまさに行われている国かもしれません。

# 9－4　未来永劫戦争のない世界にするために何をすべきか？

**【権威主義vs民主主義】**

**権威主義**とは、権威を盾に取って権力を行使する権力者や権威に対して、盲目的あるいは仕方なく従順する個人や組織の関係における思考や行動を指します。政治的には、トップ指導者あるいは政党などの政治組織が独占して統治を行うもので、民主主義に対し、アドルフ・ヒトラーなどの全体主義よりも穏健な政治体制として、１９６０年代、政治学者のホアン・リンスが提唱したといわれています。

現在、政治体制の区分に関してはさまざまな議論があるようですが、ここでは、権威主義体制を全体・専制・独裁を含むものとして議論したいと思います。近代前までの君主制を含む国家の政治体制の多くは、権威主義体制であったと考えることができます。権威主義体制の基盤には、本言説で提案している**支配と権威・権力**を特徴とする［**オス脳ミーム**］があります。過去、現在、未来の世界情勢を、権威主義国家vs民主主義国家という図式で議論する方は少なくないかと思います。現在の権威主義国家の指導者層はほとんど男性で、女性は血縁関係に限られることが多いです。民主主義国家にも、［オス脳ミーム］は蔓延っている状況ですので、権威主義国家では、［オス脳ミーム脱構築］は至難の業です。文化交流などにより少しずつ［オス脳ミーム］の認識とその脱構築の必要性の認識を広める努力が必要です。

**【オス脳ミーム脱構築へ発進！】**

**［オス脳ミーム脱構築］**、これが大なり小なり、ほとんどすべての社会集団（家庭などの身近な小さな集団、メンバーの顔がほとんど見えない大きな集団、国家、そして国際組織）で行われれば、権威主義は消滅し、**〝未来永劫、紛争や戦争のない平和な世界〟**が実現できるのではないかと、私は思っています。さまざまな事情があります。さまざまな意見があります。さまざまな観点があります。ただ、ほぼすべての戦争は、オス脳を基盤とした［オス脳ミーム］という社会脳の環境下で起こってきたことであり、哺乳類のゲノムを引きずったオス脳由来の**［オス脳ミーム］**を脱構築化すれば、新たな社会脳である**［平**

**和ミーム］**が構築され、人類は**〝戦争は限りなく悪に近い悪である〟**という認識のもと、紛争・戦争は少なくなると私は期待しています。いち早く近づけるためには、９－３で記したようにジェンダー・クオータ制の導入が必要ですが、現段階では、多くの国や集団で、それを試行する体制が未熟です。

［オス脳ミーム脱構築］がそれぞれの社会集団で進行していかなければ政治は変わりません。政治家だけではなく、ほとんどすべての人類に、［オス脳ミーム］の功罪はともかく、まず、攻撃・暴力が特徴の［オス脳］、これを背景として文化伝播された支配・権威が特徴の［オス脳ミーム］という概念を認識してもらい、支配欲・権威欲が紛争・戦争の基盤となってきたという見解を、各々の人に考察してもらいたいです。そこからが、始まりです。主旨を認めていただける人に、**［オス脳ミーム脱構築化］**を身近なところから広めてもらいたいです。拡散してもらいたいです。

私は、日本で生まれ育ちました。さまざまな国を訪問し、それぞれの国を、そこに住む人々を、好きになりました。そして、より一層、日本が好きになりました。四季があり、自然が、街が、風景が、美しく、人が優しく、そして懐かしい人に手紙を書きたくなるような日本が好きです。加えて、私の日本の自慢は、**戦争の永久放棄**を謳う日本国憲法です。誰が何のために作ったかは問題ではありません。この9条を愛してきた日本人が、〝9条の会〟の方々だけでなく、少なからずいることが自慢です。〝日本国民は、正義と秩序を基調とする国際平和を誠実に希求し、国権の発動たる戦争と、武力による威嚇又は武力の行使は、国際紛争を解決する手段としては、永久にこれを放棄する〟なんと美しい言葉でしょう。まさに［**平和のミーム**］を言葉で具現化しているもので、美しい日本と、優しい日本人にぴったりなのです。人類史上、歴史に残る美しき憲法です。そんな日本で、［オス脳ミーム脱構築］による反戦争・非戦争思想が受け入れられ、そして日本から世界に広がることを切に願っています。

**【オス脳ミーム脱構築者による政治およびAIの活用】**

反戦争・非戦争の政治を行うためには、（少なくとも、国家の重要事項に関することに対して）1人の政治家による政治判断を完全に禁止し、複数指導者あるいは複数政治集団による協議政治にすることが肝心かと思います。民主主義でも場合によっては、偉大（⁉）な政治家により、司法や議会が事実上機能しないこともあります。権力の集中や長期化は、癒着や権力者への配慮（日本の政治では忖度という言葉にあたります）を産みます。さて、複数指導者には、［非オス脳ミーム者］が少なくとも過半数いることが肝心です。その前に、［オス脳ミーム脱構築者］が選挙などで選出されなければなりません。そのためには、教育が重要です。〝**破壊＋建設**〟（脱構築）には時間がかかります。

さて、２０２３年前期、ＣｈａｔＧＰＴに対する規制の必要を叫ぶ声が世界各地から出てきました。２０２３年は、人類の叡智が作り出した〝**ＡＩ**〟が実は危険な存在かも？との認識が大きくなってきた年といえましょう。ＡＩでは、データ分析の偏りが、偏った判断となる可能性が大きいかと思います。収集情報に偏見が含まれることもあります。情報の収集と分析に直接関与するプログラムも大きな問題です。しかし、人類は、ＡＩに対して後戻りはできないのです。それは、今までの科学と人類の歴史が語っています。人類と地球のためによりよくＡＩを利用していかなければなりません。例えば、政治・社会に関する生成ＡＩでは、平和、地球環境、ジェンダー平等を〝**是**〟とするプログラムを基盤とする、というような**［平和ミーム基盤ＡＩシステム］**を、政策のための補助として各国が取り入れるということも一案です。アイザック・アシモフが提案したロボット3原則のようなものです。

## 【オス脳ミーム脱構築・ジェンダー平等の実現に向けての教育】

［オス脳ミーム脱構築］が少しずつ世界に拡散されたとしても、しなかったとしても、平和ミームとして発展させる鍵は**教育**です。8－3で前述したように、〝多様性の寛容からボーダレスへ〟は理想的なのですが、特に人種的に多様性が少ない日本のような社会では、［多様性の寛容］の教育が基盤として必須です。小学校低学年から、［多様性の寛容・ジェンダー平等］を授業科目として、世界中のさまざまな人々の生活や歴史を知る教育をしていただきたいと思います。

［ジェンダー平等］の実現のためには、女性解放や女性権利の獲得などの歴史、および現代社会におけるジェンダーの実体の把握という観点の教育が、思春期前から必要と感じます。さらに、［ジェンダー平等］でない社会（男性優位社会）が、なぜ存在してきたのか、そして現在も存在するのか？　その生命進化的、かつ歴史的（人類社会進化的）背景から

知ることが必要です。本書で記述してきた［オス脳］由来の［オス脳ミーム］による男性優位社会の社会的持続および戦争という新たな観点からの教育により、［オス脳ミーム脱構築］による［ジェンダー平等］の実現が可能ではないかと私は期待します。言い換えると、哺乳類進化と人類社会の歴史を繫げる教育の場の提供が、戦争のない［ジェンダー平等］社会の実現を可能にするのではないかと考えます。

## コラム９　ハラスメントと［オス脳ミーム］：#MeToo

現代社会では、さまざまな集団内で、さまざまな**ハラスメント**（harassment）が問題化されてきています。ジェンダーハラスメントを筆頭に、セクハラ、パワハラ、モラハラを含む多くのハラスメントは、支配と権威が特徴の**［オス脳ミーム］**と深い関係があると考えられます。例えば、男性によるセクハラでは、単に

**［オス脳］**による衝動だけではなく、多くの場合、**［支配・権威］**を背景とした脳を介した発言・行動です。

米国で2007年から始まった#MeToo運動において訴えられた人は、映画監督、プロデューサー、政治家、俳優、コーチ、企業幹部などで、権威と地位を利用した人です。日本でも同様です。国会議員や地方自治体の首長の弁明を聞くと、その方々の脳が、［オス脳ミーム］にどっぷり浸かっていると感じます。逆に言えば、21世紀になり、徐々に、#MeTooのような訴えがようやく一般社会で認められるようになってきたともいえるのです。ハラスメントを訴えることが容易な社会ほど、［オス脳ミーム］が弱まってきている証ともいえます。ただ、容易な社会でも、まだまだ［オス脳ミーム］が根強く存在します。社会の認識が動いている今だからこそ、［オス脳ミーム］を世界が認識し、**［オス脳ミーム脱構築］**を推進していかねばと思います。

# 第10章

# ［オス脳ミーム］という観点からの人類文化・世界の再構築

最後の第10章では、「戦争vs平和」という観点以外から、「オス脳ミーム」を考察したいと思います。

## 10－1 SDGsと地球

第9章の最後で書いたように、**「オス脳ミーム脱構築」**は、**「ジェンダー平等」**を社会に推進・定着させるための新たな意識付けとして、その実現に向けて大きな力になるのではないかと期待します。さらに、「ジェンダー平等・オス脳ミーム脱構築」と、これに直接的あるいは間接的に関わる**「多様性の寛容」**が各々の個人で実現され、ミームとして文化継続されれば、差別がなくなるだけでなく、個人の生き方や生きがい、人への優しさ、そして生きとし生けるものや地球への優しさにおいて、良い影響を及ぼすのではないかと思います。SDGsは、2015年9月の国連サミットで採択された17からなる達成目標です。私は、［オス脳ミーム脱構築］が認識され、意識付けされることが、多くのＳＤＧｓの達成に間接的に寄与すると考えます。

## 10−2 ［オス脳ミーム］という概念を介したパラダイムシフトへ～歴史学、社会学、哲学、政治学、経済学、心理学 etc.の再構築

トーマス・クーンが提案したパラダイムシフトという概念（『科学革命の構造』１９６２）は、通常、科学における時代の知を指していますが、本セクションでは、さまざまな学問領域を横断する言葉として使用させてもらいます。

私の専門は、生命科学であり、歴史学、哲学などの学問領域にはまったくの門外漢です。しかし、第7章で記したように、［オス脳ミーム］と［戦争］との相関性は確実であります。現在までの歴史の教科書の中で、**［オス脳ミーム］**という観点から、権力闘争、紛争・戦争を分析し、解釈されたことはほぼないかと思われます。人類の歴史をこの観点から再構築することにより、より多面的で豊潤な歴史の解釈が可能と考えます。［オス脳

ミーム」は、世界のさまざまな地域の人類史において、［戦争」だけではなく、支配・権威というコンテキストの中で、集団の形成・維持・発展・消失、あるいは、社会通念や文化の形成・伝播・展開に深く関わっている場合が多いかと思います。歴史学をこのミームの観点から再構築すれば、今までとは異なる文脈が発見され、発展していく可能性があると考えられます。

歴史学だけではありません。［オス脳ミーム」という観点は、社会学、哲学、宗教学、政治学、戦争学、経済学、ジェンダー学、脳科学、脳神経学、言語学、心理学、犯罪学、自然・文化人類学、霊長類学、比較内分泌学、動物行動学、科学史、そして教育学といった、人類に関わるほとんどすべての学問領域の風景に、新しい風を吹き込む可能性があります。

例えば、歴史学、哲学、経済学などの分野を横断する**柄谷行人**の造語の〝**交換様式**〟（『力と交換様式』2022）を、［オス脳ミーム」で解剖することが可能かもしれません。交換様式A（贈与と返礼の互酬）、交換様式B（支配と保護による略取と再分配）、交換様式C（貨幣と商品による商品交換）、交換様式D（高次元でのAの回復）のうち、［オス脳ミーム］の影響を強く受けているのは交換様式Bと考えられます。近未来において、［オス脳ミーム脱構築］が大きな集団内で通念化されれば、交換様式的にはDを基盤とした自由・平等・愛の社会が可能となると期待します。交換様式Dの考察を、進化学、社会学、心理学、脳科学を巻き込んで、さらに広い分野を横断する新たなパラダイムを創生できる可能性があるのではないかと考えます。

**コラム10　言語と性：女性名詞・男性名詞　＆　WOMAN（女性）・MAN（男性／人類）**

世界にはさまざまな言語があります。その中で、インド・ヨーロッパ語族のフランス語やイタリア語などでは、名詞や冠詞などに女性形、男性形があります。興味深いことに、中国語や韓国語、日本語には顕著なものはないようです。一方、英語はインド・ヨーロッパ語族に属するのですが、女性形、男性形の区別が消失したと考えられます。

英語で私が注目する言葉にWOMAN・MANがあります。前者は女性を意味しますが、後者は男性あるいは人類、人間を意味します。ミームは言語があったからこそ、発展進化してきたのですが、逆に言語がミームに影響を与えることもあるような気がします。言語の形成・発展・変化と集団や民族の文化的背景との連関性を、【ミーム（例えばオス脳ミーム）】という観点から捉え直していければと考えています。

# 後書き：平和vs戦争

私は2018年と2019年に、自身の生命進化の研究のために、ロシアに赴き、ロシアの大学の研究者と懇意になりました。前書きで記したように、本言説を書くきっかけは、2022年2月、自分にとって身近になったロシア、そのロシアのウクライナ侵攻です。なぜ侵攻したのか、自問しました。そして、現代の人類の叡智では権力を握っている支配欲が強い男性や類似志向の人間を抑えることはできないと、納得しました。

しかし、納得しても、それで終わってはならない、我々人類は、果敢にも、未来に永久平和を求めることが必要であると思った次第です。永久平和への手立ては必ずあると思います。この本の執筆中に亡くなったKANは、ヒット曲〝愛は勝つ〟の中で、いかなる困難であろうと、信じれば……という内容の歌を歌いました。まさに、さまざまな困難があろうとも、くじけそうでも、永久平和への道はあると信じれば、必ず、いつかは、最後は、平和は実現する、という（私の）替え詞を、現実にできたらと思います。

平和に対する考え方は、古今東西南北、さまざまです。例えば、中国の古来の二大思想の儒教と道教に関して言えば、人間関係を基調とした**規範**が平和に必要であるという**儒教**の考えに対し、**道教**では**無為自然**により平和が維持されるという考えかと思います。前者では、規範の中に［**オス脳ミーム**］的な［**権威・支配**］が付随されてきた可能性があります。さて、中国に限らず、古今東西南北、さまざまな哲学者が平和を考察してきましたが、近代になると、具体的な平和政策論が**サン－ピエール**により提案されます。『**永久平和の草案**』（1713～1717年）です。平和策として、国家間連合や国際司法機関の必要性、常備軍の廃止、自由貿易の推進などがあり、現代国際社会の平和政策の基盤となっているとも考えられます。その後、哲学者の**イマヌエル・カント**が、『**永遠平和のために**』を1795年に出版しました。サン－ピエールの主張に、自身の考えを加え、さらに平和のためには、国家の市民的体制が共和的であるべきであるとの提案をしています。

実際、国家の**市民的体制**が**共和的**あるいは民主的であることと、［**オス脳ミーム脱構築**］とは関連性があるかと思います。この本の中でカントは、彼のそれまでのヨーロッパを中心とした歴史的考察からと推察しますが、〝人間性は本来邪悪であり、人間は戦争を好む傾向がある〟という趣旨を記しています。これは、性善説vs性悪説とは異なり、ヨーロッパに蔓延する「オス脳ミーム」を彼が感じたのだと私は思います。私の言説で言い換えれば、〝本能的な攻撃・暴力性の「オス脳」由来の「オス脳ミーム」を、社会通念として受け入れる、あるいは享受する人は、同じ種の人間に対して、攻撃を欲する邪悪性と支配を目論む戦争志向性を持つ〟になるかと思います。

第9章で提案した私の永久平和の方策は、道教のように無為自然により平和を構築しようというものでも、性善説由来でもありません。そして、サン-ピエールやカントに比べると具体性がないかもしれません。この方策は、繰り返しとなりますが、哺乳類ゲノムを基盤として、人類社会に受け継がれてきた男性優位的「オス脳ミーム」を脱構築していこうというものです。一人一人が世の中に蔓延る、争いの源泉ともいえる「オス脳ミーム」という通念を認識し、意識を変えることで、少しずつ集団・組織・社会に「ミームシフト」の基盤が形成され、さらに、教育を介して脱構築世代が「平和ミーム」を構築していくというものです。実現の可能性はあると考えています。それは、「ミーム」にゲノムや本能が深く関与していたとしても、〝**人類はゲノムを脱却できる柔軟な脳**〟を持っているので、**［ミームシフト］**は可能であるからです。

例えば、**チンパンジー**と**ボノボ**は、１００万〜２００万年前に地理的隔離により分岐したと考えられており、ゲノム情報は極めて近縁と考えられます。しかし、チンパンジーの集団ではオスが支配的ですが、ボノボはこれと異なり母系社会的特徴を持ち、集団内での争いが少ないのです。いわば、**［平和的ミーム］**を持っているのです。ボノボはコンゴ川以南の限定された地域の熱帯雨林にのみ生息しており、遺伝的浮動（genetic drift）の影響でチンパンジーに比べ遺伝的多様性が低いと考えられます。ですので、このボノボの集団の平和の維持に、遺伝的浮動によるゲノム、エピゲノム、遺伝子の相違が影響を受けている可能性は否定できません。しかし、私はこの［平和］は、ボノボが社会構築し、伝承してきた［ミーム］による影響が強いと思っています。［オス脳的ミーム］を持つチンパンジーも、育つ環境が異なれば、［平和的ミーム］を継承できるのではないか、と思います。ボノボができることです。人類もできます。

実際、人類には、平和を愛して願う［平和ミーム］志向の人はsex identityにかかわらず、数知れずいるのですから、［オス脳ミーム］をそれぞれの組織や社会からなくすことは可能かと思います。長いものには巻かれ、強いものには従うという悪しき「ミーム」からは脱却しなければなりません。まず、世界中の人類一人一人が、進化的背景の本能から派生した社会脳である「オス脳ミーム」、およびこのミームを介した人類の支配・権威の歴史を知ることが始まりとなります。本言説に賛同するか否かは別として、ここまで読んでくれた〝あなた〟にお願いしたく思います。（終わりのほうから読んだ人もいるかもしれません。それもまた楽しからずや、です。さまざまな読み方、楽しみ方があって良いかと思います。ロラン・バルトのいうテキストの快楽［1973］です。）周りの人に、**「オス脳ミーム」とは何か**、〝あなた〟の言葉で語っていただけると、とても嬉しく思います。

最後になりますが、この本の出版に際し、優しき人類の叡智に感謝の意を表し、そして私に関わったすべての方々に感謝いたします。本言説作成に関して、遺伝子・ゲノム解析から、性や種の研究を私とともに行い、その過程で私に叡智を与えてくれた北里大学の学生・大学院生、そして、ゲノム進化学などの私の授業にアクティブに参加・討論してくれた同大学の学生に感謝を申し上げるとともに、出会えた機会に感謝しております。私の想像力の糧になったと実感しています。また、以下の研究者の方々との出会いと討論が、私の創作の基盤となりました。御礼申し上げます。三浦郁夫氏、太田博樹氏、佐倉統氏、諸橋憲一郎氏、田中実氏、高田修治氏、高橋明義氏、そして研究室のスタッフメンバーです。さらに、本書作成にあたり、私に勇気を与えてくれた出版プロデューサー板原安秀氏、内容に対して温かな理解を示して応援していただくとともに、細かいところから大きなところまで助言をいただきました編集者の並木楓氏と千葉敦子氏に感謝申し上げます。最後に、編集に加え、批判と支持、そして温かな眼差しを常に与えてくれた、私の人生の伴侶に、深く感謝いたします。

# 参考文献


## 前書き

- Richard Dawkins（リチャード・ドーキンス）著.『The Selfish Gene（利己的な遺伝子）』（Oxford University Press, 1976）
- 佐倉統 著.『遺伝子 vs ミーム』（廣済堂ライブラリー, 2001）

## 第1章

- Charles Darwin（チャールズ・ダーウィン）著.『The Descent of Man, and Selection in Relation to Sex（人間の進化と性淘汰）』（John Murray, 1871）
- Green RE et al. A draft sequence of the Neandertal genome. Science 328, 710-722, 2010.
- 太田博樹 著.『古代ゲノムから見たサピエンス史』（吉川弘文館, 2023）
- Konrad Lorenz（コンラート・ローレンツ）著.『Das sogenannte Böse: Zur Naturgeschichte der Aggression （攻撃―悪の自然誌）』（Dr. G. Borotha-Schoeler Verlag, 1963）
- Richard Dawkins（リチャード・ドーキンス）著.『The Selfish Gene（利己的な遺伝子）』（Oxford University Press, 1976）
- Hayashi S et al. Neofunctionalization of a noncoding portion of a DNA transposon in the coding region of the chimerical sex-determining gene *dm-W* in *Xenopus* frogs. Mol Biol Evol 39, msac138, 2022.（筆者責任著者論文）
- 伊藤道彦. 栄枯盛衰の性決定遺伝子～遺伝子界の下剋上～ 遺伝子医学 30, 9, 2019.
- Suda K et al. Activation of DNA transposons and evolution of piRNA genes through interspecific hybridization in *Xenopus* frogs. Front Genet 13, 766424, 2022.（筆者責任著者論文）
- Suda K et al. Correlation between subgenome-biased DNA loss and DNA transposon activation following hybridization in the allotetraploid *Xenopus* frogs. Genome Biol Evol 16, evae179, 2024.（筆者責任著者論文）

### 第2章

- Simakov OF et al. Deeply conserved synteny resolves early events in vertebrate evolution. Nat Eco Evol 4, 820-30, 2020.
- Nakatani Y et al. Reconstruction of proto-vertebrate, proto-cyclostome and proto-gnathostome genomes provides new insights into early vertebrate evolution. Nat Commun 12, 1-14, 2021.
- S. Ohno（大野乾）著.『Evolution of Gene Duplication（遺伝子重複による進化）』（Springer-Verlag, 1970）
- 河村正二. 色覚多様性の意味について. FBnews 536, 1-6, 2021.

### 第3章

- 杉山幸丸 著.『子殺しの行動学 霊長類社会の維持機構をさぐる』（北斗出版, 1980）
- 伊藤道彦, 高橋明義　共編.『成長・成熟・性決定』（裳華房, 2016）

### 第4章

- Yoshimoto S et al. A W-linked DM-domain gene, *DM-W*, participates in primary ovary development in *Xenopus laevis*. Proc Natl Acad Sci USA 105, 2469-2474, 2008.（筆者責任著者論文）
- Phenix CH et al. Organizing action of prenatally administered testosterone propionate on the tissues mediating mating behavior in the female guinea pig. Endocrinology 65, 369–382, 1959.
- 近藤保彦他　編.『脳とホルモンの行動学　行動神経内分泌学への招待』（西村書店, 2010）
- Bowden NJ, Brain PF. Blockade of testosterone-maintained intermale fighting in albino laboratory mice by an aromatization inhibitor. Physiol Behav 20, 543-546, 1978.
- Sato T et al. Brain masculinization requires androgen receptor function.

エーヴィッチ）著.『Увойны не женское лицо（戦争は女の顔をしていない）』（Советский писатель, 1985）
- 吉本隆明 著.『共同幻想論』（河出書房新社, 1968）

**第８章**

- Gene Sharp（ジーン・シャープ）著.『From Dictatorship to Democracy: A Conceptual Framework for Liberation（独裁体制から民主主義へ）』.（The Albert Einstein Institutio, 1994）

**第９章**

- Kim Elsesser.「女性は戦争をしない」シェリル・サンドバーグの主張は正しいのか. Forbes Japan 2022（https://forbesjapan.com/articles/detail/46378）

**第10章**

- Thomas Kuhn（トーマス・クーン）著.『The Structure of Scientific Revolutions（科学革命の構造）』（University of Chicago Press, 1962）
- 柄谷行人 著.『力と交換様式』（岩波書店, 2022）

**後書き**

- Charles-Irénée Castel de Saint-Pierre（サン-ピエール）著.『Projet pour rendre la paix perpétuelle en Europe（永久平和の草案）』（The original publication in French does not have a modern publisher, 1713-1717）
- Immanuel Kant （イマヌエル・カント）著.『Zum ewigen Frieden: Ein philosophischer Entwurf（永遠平和のために）』（self-published, 1795）
- Roland Barthes（ロラン・バルト）著.『Le Plaisir du Texte（テクストの快楽）』（Éditions du Seuil, 1973）

Proc Natl Acad Sci USA 101, 1673-1678, 2004.
- Gorski RA et al. Evidence for a morphological sex difference within the medial preoptic area of the rat brain. Brain Res, 148, 333-346, 1978.
- Hofman MA, Swaab DF. The sexually dimorphic nucleus of the preoptic area in the human brain: a comparative morphometric study. J Anat 164, 55-72, 1989.
- Stoller RJ. The hermaphroditic identity of hermaphrodites. J Nerv Ment Dis 139, 453-457, 1964.
- Money J. Psychologic evaluation of the child with intersex problems. Pediatrics 36, 51–55, 1965.
- Diamond M, Sigmundson HK. Sex reassignment at birth. Long-term review and clinical implications. Arch Pediatr Adolesc Med 151, 298–304, 1997.
- Wilson JD. The Role of Androgens in Male Gender Role Behavior. Endocr Rev 20, 726–737, 1999.
- Charmian A et al. Androgen Receptor Defects: Historical, Clinical, and Molecular Perspectives. Endocrine Reviews 16, 271–321, 1995.
- 有阪治. 脳の性分化，性差の研究について. 小児保健研究77, 310-319, 2018.
- Morishita M et al. Two-Step Actions of Testicular Androgens in the Organization of a Male-Specific Neural Pathway from the Medial Preoptic Area to the Ventral Tegmental Area for Modulating Sexually Motivated Behavior. J Neurosci 43, 7322-7336, 2023.
- 伊藤道彦, 高橋明義　共編.『成長・成熟・性決定』(裳華房, 2016)

## 第7章

- 令和五年版　犯罪白書. 法務省 法務総合研究所, 2023.
- Светлана Александровна Алексиевич (スヴェトラーナ・アレクシ

〈著者紹介〉
**伊藤道彦**（いとう みちひこ）
現在、北里大学 理学部 准教授／1961年長野県飯田市生。東京大学卒。博士号取得後、三菱化学生命科学研究所で分子生物学研究に従事し、その後、北里大学に赴任、現在に至る。専門は、進化学、分子生物学、発生学。性・種とは何か？を、分子レベル（遺伝子、利己的DNA、ゲノム）から細胞、個体、集団レベルで研究および考察を行っている。
X：@PeaceMeme28M

# オス脳《のう》ミーム
## ～男《おとこ》が戦争《せんそう》をする理由《りゆう》を進化学《しんかがく》から解《と》く～

2025 年 2 月 26 日　第 1 刷発行

著　者　　伊藤道彦
発行人　　久保田貴幸

発行元　　株式会社 幻冬舎メディアコンサルティング
〒151-0051　東京都渋谷区千駄ヶ谷4-9-7
電話　03-5411-6440（編集）

発売元　　株式会社 幻冬舎
〒151-0051　東京都渋谷区千駄ヶ谷4-9-7
電話　03-5411-6222（営業）

印刷・製本　中央精版印刷株式会社
装　丁　　弓田和則

検印廃止

Printed in Japan
ISBN 978-4-344-69202-2 C0045
幻冬舎メディアコンサルティングＨＰ
https://www.gentosha-mc.com/